北大社“十四五”普通高等教育规划教材
高等院校艺术与设计类专业“互联网+”创新规划教材

AI辅助创新创意设计

姚 湘 江 奥 胡鸿雁 编著

北京大学出版社
PEKING UNIVERSITY PRESS

内 容 简 介

本书是一本基于 AI 工具在创新设计领域的运用，系统阐述 AI 概念与创新设计应用类型、AI 创新设计拓展的教材，旨在开拓学生使用 AI 工具进行创新设计活动时的创意思维，提升学生 AI 工具运用、组织与设计的创新能力。

全书共 10 章，其中理论部分系统介绍了 AI 与创新设计的关系、AI 辅助创意设计的基础知识，以及如何利用 AI 进行创意设计、工程分析和商业（模式）设计等；案例部分通过 AI 辅助创新创意设计的系列案例和 AI 辅助创新创意的新兴产业预测 AI 工具的发展前景，阐释 AI 工具对设计领域的具体影响；最后一章对 AI 辅助创新创意设计提出了未来展望。

本书既可以作为高等院校创新设计专业及相关艺术设计专业的教材，也可以作为 AI 辅助创新设计行业爱好者的自学辅导用书。

图书在版编目（CIP）数据

AI 辅助创新创意设计 / 姚湘，江奥，胡鸿雁编著．北京：北京大学出版社，2024．8．--（高等院校艺术与设计类专业“互联网 +”创新规划教材）．--ISBN 978-7-301-35385-1

Ⅰ．TB21-39

中国国家版本馆 CIP 数据核字第 2024AJ4552 号

书　　名　AI 辅助创新创意设计
AI FUZHU CHUANGXIN CHUANGYI SHEJI
著作责任者　姚　湘　江　奥　胡鸿雁　编著
策划编辑　孙　明
责任编辑　孙　明　王圆缘
数字编辑　金常伟
标准书号　ISBN 978-7-301-35385-1
出版发行　北京大学出版社
地　　址　北京市海淀区成府路 205 号　100871
网　　址　http://www.pup.cn　新浪微博：@ 北京大学出版社
电子邮箱　编辑部 pup6@pup.cn　总编室 zpup@pup.cn
电　　话　邮购部 010-62752015　发行部 010-62750672　编辑部 010-62750667
印 刷 者　北京宏伟双华印刷有限公司
经 销 者　新华书店
889 毫米 ×1194 毫米　16 开本　10 印张　340 千字
2024 年 8 月第 1 版　2024 年 8 月第 1 次印刷
定　　价　59.00 元

前言

AI（Artificial Intelligence，人工智能）辅助创新设计课程是将AI技术和方法整合到培养创新和创造力过程中的专业教育课程，旨在让学生了解如何利用AI工具和技术，提升他们在产品设计、服务设计、业务流程等各个领域构思、开发和实施创新解决方案的能力。AI辅助创新设计课程能让学生掌握所需的知识、技能和思维方式，从而利用AI的变革潜力，为现实世界中的问题提供创造性和创新性的解决方案。

一、透过AI看创新设计

从AI的角度看待创新设计，需要认识到AI技术如何影响和改变我们构思、开发和实施创新解决方案的整个过程。在创新设计过程中，AI既是催化剂，也是推动力，它提供了新的视角、工具和方法，可以帮助我们提高效率，提升创造力和解决复杂问题的能力。通过将AI融入创新设计，我们可以更深入地了解技术如何彻底改变我们产生想法、设计概念原型、作出数据驱动决策的方式，并且最终创造出突破性的解决方案，满足社会和行业不断发展的需求。可见，AI已成为创新过程中不可或缺的一部分，它不断突破可能的极限，推动人类向前发展。

二、关于教学重点

1. 原型设计与测试

在这一重点领域，学生将学习如何创建AI原型并进行有效测试，这包括：AI增强原型设计，即教学生如何利用AI工具加快原型的创建，如使用AI生成的设计建议或利用机器学习模型自动生成某些设计元素；用户测试，即指导学生了解在设计过程中收集用户反馈和见解的重要性，他们要学会进行用户测试和可用性研究，以完善自己的原型；数据驱动的迭代，即强调数据分析在评估原型中的作用，指导学生使用AI分析用户互动和行为，帮助他们就“如何迭代和改进设计”作出明智的决定。

2. 协作

跨学科合作对于创新设计至关重要，包括以下两点：一是多元化团队协作，即学生与拥有工程、设计和商业等不同背景的同学合作，并且利用不同的视角模拟现实世界中的团队合作；二是跨学科解决问题，即学生参与练习和项目，协作应用 AI 技术解决多方面的复杂问题。

3. 案例研究和行业洞察

为了获得关于 AI 辅助创新的实用见解，需要从以下两点着手：一是分析现实案例，即研究不同行业成功的 AI 驱动创新的真实案例，了解它们带来的挑战和机遇；二是特邀发言人，即邀请行业专家分享他们的经验，就 AI 如何彻底改变各行各业提供真知灼见，让学生受益匪浅。

4. 持续学习

鼓励学生在 AI 和创新方面不断学习的心态至关重要，这包括：保持更新，即强调跟上 AI 和创新发展脚步的重要性，以保持在该领域的竞争力；探索新兴技术，即鼓励学生探索新兴 AI 技术及其在未来创新项目中的潜在应用；专业发展，即为学生提供课程之外的继续教育和技能发展的资源和指导，包括 AI 相关领域的认证和在线课程。

三、关于课题训练

AI 辅助创新设计课程中的学生训练项目包括为学生提供在真实场景中应用知识和技能的机会。这些项目作为顶点体验，让学生能够整合他们在整个课程中学到的知识，展示他们在创新设计中使用 AI 的能力。学生的任务是确定一个问题或机会，应用 AI 技术来解决它并展示他们的解决方案。由于课程目标和学生的兴趣的不同，这些项目会有很大的不同，但通常包括以下内容。

1. 问题识别

学生首先要确定一个可以从 AI 驱动的创新中受益的具体问题或机会。这一步涉及全面的研究和分析，需要确保项目的相关性和重要性。

2. 数据收集和分析

学生收集相关数据，可能包括从网上搜索数据、利用现有数据或收集用户生成的数据。然后，他们需要应用数据分析技术来获得见解。

3. 运用 AI 工具

根据项目要求，学生运用 AI 工具，其中可能包括机器学习算法、自然语言处理模型、计算机视觉系统或其他 AI 技术。

4. 设计原型设计和迭代

学生根据他们的 AI 工具创建设计原型或概念验证解决方案，并根据用户反馈和数据分析的见解对设计原型进行迭代。

5. 用户测试和评估

学生进行用户测试，收集对其原型的反馈，并且根据用户体验和偏好进行改进。

6. 文档和报告

学生记录整个项目，包括问题陈述、数据来源、AI 模型开发、测试程序和结果。

7. 展示

学生向全班或专家小组展示他们的项目，解释他们解决问题的方法、AI 在解决方案中的作用及对创新设计的影响。

四、建议课时安排

如使用本书进行教学，可实行每周 16 学时制，安排 4 周 64 学时，部分学员可安排 3 周 48 学时。本书可以采用两阶段课程教学安排，采取“2 周 + 2 周”或“3 周 +2 周”的方式。本书第一章、第二章为基础知识，第三章至第七章为教学重点，其他章可供学生课余学习。

本书由姚湘和江奥负责总体规划、编排和撰写，胡鸿雁负责细节审查。湘潭大学研究生王美琪、龙茜、陈淇琪、刘嘉昕、王曦、霍世宇、王一汀参与了编写；湘潭大学张月朗、张越、张模蕴老师，南华大学周君老师，湖南工程学院唐颖欣老师，四川师范大学刘玉磊老师，江南大学张顺峰老师，湖南工业大学何铭锋老师，四川农业大学马艳阳老师，武汉工程大学曾曦老师为本书的编写提出了宝贵的修改意见。同时，由于 AI 应用于创新设计方兴未艾，因此书中案例大多源于国内外网络公开的新兴作品和优秀论文，在此对相关作者一并表示衷心的感谢！

编者从事工业设计、智能设计教学与实践多年，试图通过本书去适应多种层次的教学要求，但由于编写水平有限，书中不妥之处在所难免，恳请相关专家、学者及广大读者提出宝贵意见。

姚湘　江奥　胡鸿雁

2024年6月

【资源索引】

目 录

第一章
AI 与创新设计的关系

本章要求

本章旨在让学生了解 AI 与创新设计之间的关系，学习 AI 在创新设计中的应用。要求包括理解 AI 如何辅助创新设计、提高效率和质量，以及 AI 给设计带来的创新空间和可能性；掌握 AI 对设计师角色的影响，包括工作流程和角色定位；分析 AI 为创新设计带来的挑战和机遇，思考如何实现人性化和个性化设计；强调设计师的专业素养和创造力的重要性。

学习目标

本章的目标是让学生全面了解 AI 与创新设计的关系，学会应用 AI 技术提升创新设计能力。同时，学生也需要思考 AI 给创新设计带来的挑战和机遇，认识到设计师在 AI 技术应用中的重要角色。

1.1 创新设计的基本概念

创新设计是设计师充分发挥创造力，利用人类已有的相关科技成果进行创新构思，设计出具有科学性、创造性、新颖性的实用成果的一种实践活动。设计师把创新理念与设计实践结合，发挥创造性思维，将科学、技术、文化、艺术、社会、经济融入设计，设计出具有创造性、新颖性和实用性的新产品。

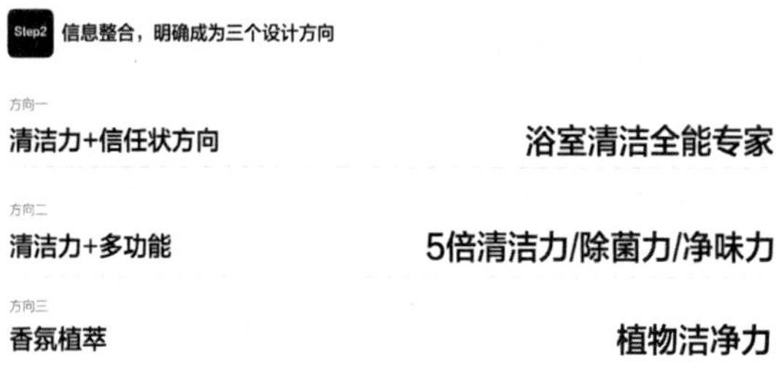

Step2 信息整合，明确成为三个设计方向

方向一
清洁力+信任状方向　浴室清洁全能专家

方向二
清洁力+多功能　5倍清洁力/除菌力/净味力

方向三
香氛植萃　植物洁净力

图 1-2　信息整合

以下是创新设计的基本概念的一些方面，涵盖了用户研究、创意思维、多学科合作、原型测试、技术应用和用户体验等关键要素。

1.1.1 用户研究与洞察力

用户研究是设计师通过各种方法和技术，主动观察和调查、与用户进行交流，以获取关于用户需求和偏好的信息（图 1-1、图 1-2）。这包括定性研究方法（如访谈、观察和焦点小组讨论）和定量研究方法（如调查问卷和数据分析）。通过用户研究，设计团队可以了解用户的真实需求，为用户提供有针对性的解决方案。

洞察力是设计师从用户研究中获得的深入理解和发现，超越表面现象，抓住用

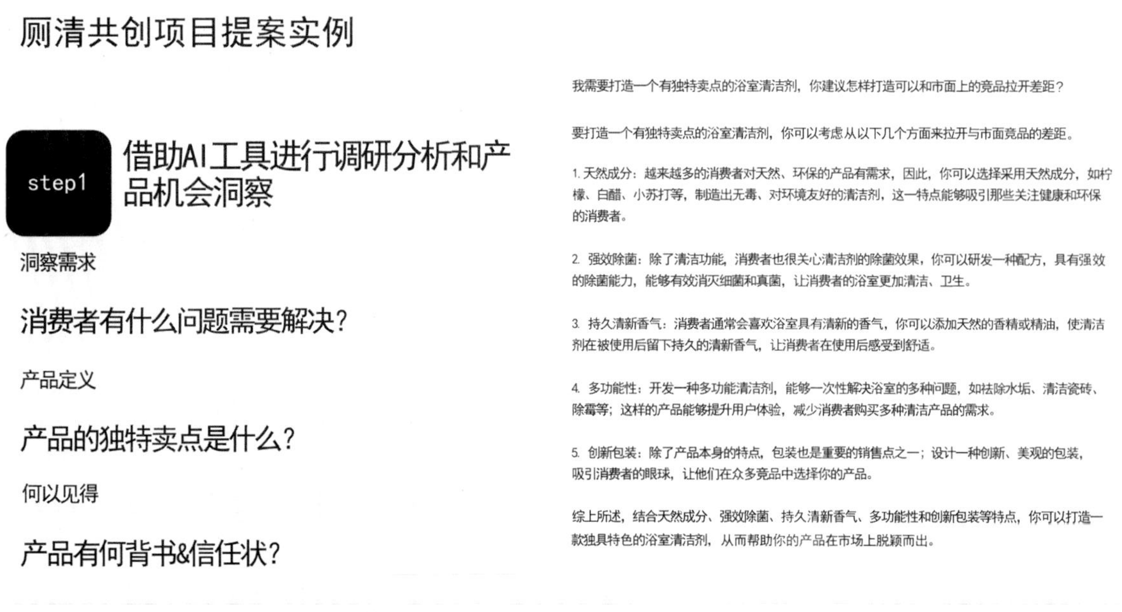

厕清共创项目提案实例

借助AI工具进行调研分析和产品机会洞察

洞察需求

消费者有什么问题需要解决?

产品定义

产品的独特卖点是什么?

何以见得

产品有何背书&信任状?

我需要打造一个有独特卖点的浴室清洁剂，你建议怎样打造可以和市面上的竞品拉开差距？

要打造一个有独特卖点的浴室清洁剂，你可以考虑从以下几个方面来拉开与市面竞品的差距。

1. 天然成分：越来越多的消费者对天然、环保的产品有需求，因此，你可以选择采用天然成分，如柠檬、白醋、小苏打等，制造出无毒、对环境友好的清洁剂，这一特点能够吸引那些关注健康和环保的消费者。

2. 强效除菌：除了清洁功能，消费者也很关心清洁剂的除菌效果，你可以研发一种配方，具有强效的除菌能力，能够有效消灭细菌和真菌，让消费者的浴室更加清洁、卫生。

3. 持久清新香气：消费者通常会喜欢浴室具有清新的香气，你可以添加天然的香精或精油，使清洁剂在被使用后留下持久的清新香气，让消费者在使用后感受到舒适。

4. 多功能性：开发一种多功能清洁剂，能够一次性解决浴室的多种问题，如祛除水垢、清洁瓷砖、除霉等；这样的产品能够提升用户体验，减少消费者购买多种清洁产品的需求。

5. 创新包装：除了产品本身的特点，包装也是重要的销售点之一；设计一种创新、美观的包装，吸引消费者的眼球，让他们在众多竞品中选择你的产品。

综上所述，结合天然成分、强效除菌、持久清新香气、多功能性和创新包装等特点，你可以打造一款独具特色的浴室清洁剂，从而帮助你的产品在市场上脱颖而出。

图 1-1　调研分析

户的真实问题、欲望和动机，并揭示潜在的机会点。通过洞察力，设计团队可以发现用户尚未意识到的需求并进行创新设计（图 1-3）。

AI 可以通过情感分析技术分析用户的情感状态和需求。它可以通过分析用户数据生成用户画像和个性化模型，还能够根据用户的反馈，如评论、评分、投诉等，为设计团队提供有价值的洞察力。此外，通过推荐系统，AI 可以根据用户的兴趣和历史行为进行个性化推荐，提供相关产品或服务的建议和体验。

在产品设计初期，设计师常需要进行竞品分析，以了解当前设计趋势和行业标准，确保设计方案属于最佳实践并具备竞争优势。AI 可以帮助提高工作效率，ChatGPT（Chat Generative Pre-trained Transformer，是 OpenAI 研发的一款聊天机器人程序）可以整合市场上同类型产品的信息，为竞品分析提供方向和内容。它能根据多个搜索结果提供整合后的内容（图 1-4），高效的整合能力有助于设计师更快获得高价值内容，如需求理解、案头研究和竞品分析。然而，设计师在使用过程中，需要对 ChatGPT 的答案进行真实性和准确性的判断与交叉验证。

虽然 AI 可以为用户研究提供大量数据和洞察力，但设计团队仍需要对数据进行解读和分析，并且结合专业知识进行判断和决策。可见，AI 只是辅助工具，最终的决策和洞察力仍来自设计团队的专业能力。

Step3 根据设计策略进行包装设计的产出

图 1-3 设计生成

我需要做一个旅游类的app，有购买火车票、飞机票、景区门票等功能，请你根据我的描述对比现在市面上所有的旅游类app，对同类产品进行一个竞品分析，用表格的方式列出它们的相似功能及特点。

好的，以下是一个简单的竞品分析表格，列出了市面上一些旅游类app的相似功能及特点。

产品名称	购买火车票功能	购买飞机票功能	购买景区门票功能	特点
携程	✓	✓	✓	最大的在线旅游服务提供商之一，提供全方位的旅游服务，如机票、火车票、酒店、景点门票等
去哪儿	✓	✓	✓	提供机票、火车票、酒店等服务，同时具有社区功能，用户可以分享旅行经验和攻略
支付宝	✓	✓	✓	集成了火车票、飞机票、景点门票等功能，同时具有支付和金融服务，便捷的支付方式是其特点之一
淘宝	✓	✓	✓	提供火车票、飞机票、景点门票等服务，具有便捷的购物功能，用户可以在购票的同时购买相关旅行用品
携程旅行	✓	✓	✓	专注于旅行服务，提供机票、酒店、汽车票、景点门票等服务，界面简洁清晰，操作便捷
去哪儿旅行	✓	✓	✓	提供机票、火车票、酒店等服务，用户可以通过搜索和筛选找到符合自己需求的旅行产品，价格透明，便于比较
景区宝	✕	✕	✓	专注于全国各地的景点门票预订服务，有时会推出特价门票活动，用户可以选择并提前购买门票

图 1-4　ChatGPT 生成的竞品分析

1.1.2　创意和想象力

创意是产生新观念、思维方式的能力，包括重新诠释问题、突破传统思维框架和尝试新想法。它源于各种资源和灵感，如观察周围事物、借鉴其他领域思维和“头脑风暴”。设计师获取创意的关键在于打破常规，找到新的设计思路和解决方案。

想象力是构建、模拟和呈现新概念和想法的能力，包括预测未来、构建虚拟场景和创造视觉图像。想象力不受限于现实和经验，可以帮助设计师超越现状，构思创新的设计理念和解决方案。

AI 在创新设计中是一个有力的辅助工具，可以参与激发创意与想象力的全过程，通过分析大量的设计案例、图像和文本为设计师提供创意灵感和建议。例如，AI 可以生成原型、艺术作品、故事情节等，为设计师提供创意的起点或探索新的设计方向。此外，AI 还可以提供智能辅助工具，提供如快速草图设计、自动化排版和虚拟现实可视化等功能，帮助设计师更高效地进行创意和想象力的实践（图 1-5、图 1-6）。

虽然 AI 在激发设计师的创意与想象力的过程中是一个有力的辅助工具，但设计师的主导和判断也至关重要。AI 可以为设计师提供灵感和辅助，但最终的创意与想象力仍源自设计师的创造性思维和艺术直觉。因此，在把 AI 应用于创新设计的过程中，设计师需要保持主动性、掌握专业知识和审美判断力，将 AI 技术与创作过程有机结合，从而发挥创意与想象力的最大潜力。

图 1-5　MJ（AI 生成器 Midjourney 的缩写）创意生成图

图1-6　创意延展图

1.1.3　多学科合作

AI在多学科合作中扮演着越来越重要的角色，它可以促进不同领域的专家之间的合作，为合作提供支持和创新；例如，在数字产品、汽车和医疗器械等设计中。

数字产品设计涉及用户体验、交互和界面设计，还需要软件开发等多个学科的支持；设计团队由设计师、工程师和用户研究员等组成，共同协作实现用户界面、功能等方面的创新。汽车设计需要整合工业设计、工程技术、材料科学和人机交互等多个学科；设计团队由设计师、工程师、材料专家和用户体验研究员等组成，共同协作进行外观、内饰、性能等方面的创新设计。医疗器械设计需要结合医学、材料工程、人体工程学和工业设计等多个学科知识；设计团队由医生、设计师、工程师和人体工程学专家组成，共同致力于开发安全、有效且符合人体工程学原理的医疗器械。

例如，CAutoD的先行者是CAD（Computer Aided Design，计算机辅助设计）和EDA（Electronic Design Automation，电子设计自动化）。AI技术将CAD提升至CAutoD，从而能够超越人类在CAD/EDA上的探索力和创造力、突破工程师的脑力和时间的限制，其核心技术是进化和遗传计算、内置学习、模糊学习、神经网络突变、主动学习、强化学习、迁移学习等（图1-7）。

AI在创新设计多学科合作中扮演了连接、整合和优化的角色。它能够融合不同学科的知识，形成综合性的创新设计思路和方法。通过智能辅助工具和决策支持系统，AI可以帮助设计团队进行跨学科合作中的决策，并且提供量化的评估和决策建议。同时，AI还可以利用模拟和优化算法，帮助设计团队优化设计方案，在各个学科维度上提高设计的性能表现。

可见，AI可以整合跨学科的数据和知识，提供智能辅助工具和决策支持系统，促进多学科团队的沟通和协作，以及进行设计方案的模拟与优化。通过AI技术的应用，多学科合作可以更加高效、创新和协同，这为创新设计带来更全面和持续的推动力。

图 1-7 CAutoD 与多门学科相关

1.1.4 原型和实验

创新设计需要通过原型和实验来验证和优化创意。设计师通过迅速建立可视化的原型，并且进行测试和反馈，可以快速迭代和改进设计，从而减少失败的可能性。

通过原型，设计团队可以迅速将抽象的概念转化为具体的形式，让人们更容易理解和评估设计。通过实验，设计团队可以有效收集用户反馈和评估设计方案，从而实现创新设计。而创新设计是一个持续迭代的过程，通过快速迭代原型，设计团队可以快速构建和测试各种设计方案，促进设计的优化和完善。

例如，Siemens 公司的 NX 是一种基于 AI 的 3D 打印（Additive Manufacturing，增材制造，俗称“3D 打印”）设计工具，它可以根据用户提供的 3D 模型，自动优化和生成 3D 打印方案，同时考虑材料和工艺的特性（图 1-8）。NX 使用机器学习算法来分析不同材料和工艺的特性，并且自动优化 3D 模型的结构，以提高 3D 打印的成功率和质量。

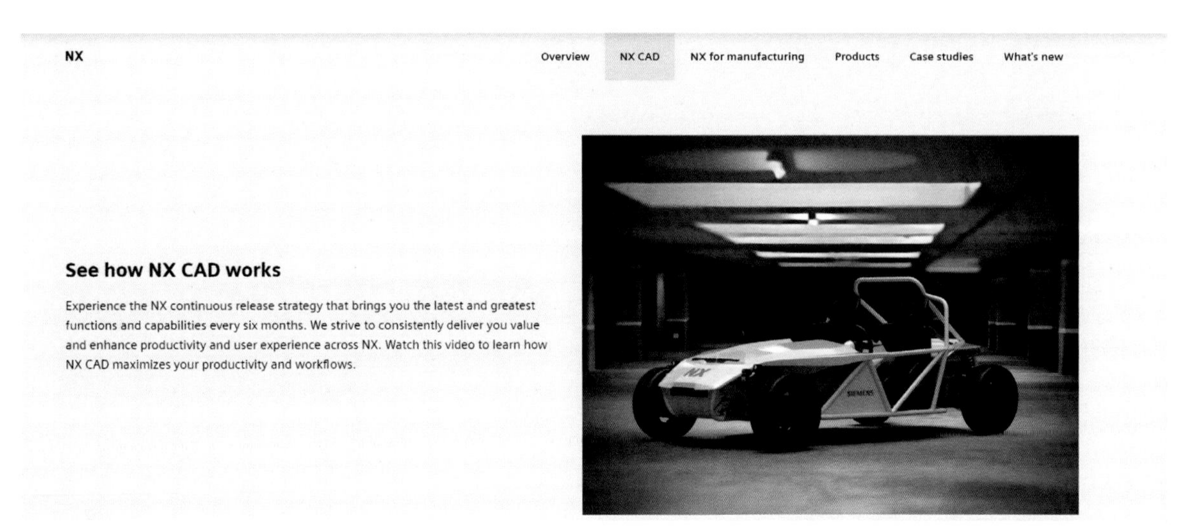

图 1-8 Siemens 公司的 NX

AI 在创新设计的原型和实验过程中扮演重要角色，包括原型生成、用户反馈分析和数据模拟与优化等。利用生成对抗网络技术，AI 可以自动生成逼真的原型设计，为设计团队提供更多选择。通过自然语言处理（Natural Language Processing，NLP）和情感分析，AI 可以自动分析用户反馈，帮助设计团队了解用户需求和改进方向。利用大数据分析和模拟仿真技术，AI 可以预测性能和优化设计方案，快速找到最佳解决方案。

1.1.5　技术和可持续性

创新设计需要密切关注前沿技术和可持续性发展，技术的应用可以拓展设计的边界，创造更具创新性和前瞻性的解决方案；同时，关注可持续性可以从环境、社会和经济层面考虑设计的长期影响和效益。例如，智能传感器和数据分析技术，可以优化智能能源管理系统，提高能源使用效率；3D 打印技术可以减少材料浪费和能耗；可再生能源技术的发展推动清洁能源的应用；等等。

技术和可持续性在创新设计中相辅相成，技术的发展推动可持续性设计，而可持续性要求也引导技术选择（图 1-9）。创新设计应兼顾技术和可持续性，为社会和环境带来长远益处。比如，智能建筑是融合技术和可持续性的案例，它利用传感器、自动化系统和数据分析实现能源高效和环保。

又如，基于平面图的机器学习在城市信息系统方面有着广泛应用（图 1-10），它可以训练 AI 预测城市中的各种指标，帮助设计师和城市运营者改善城市环境；通过筛选和整合

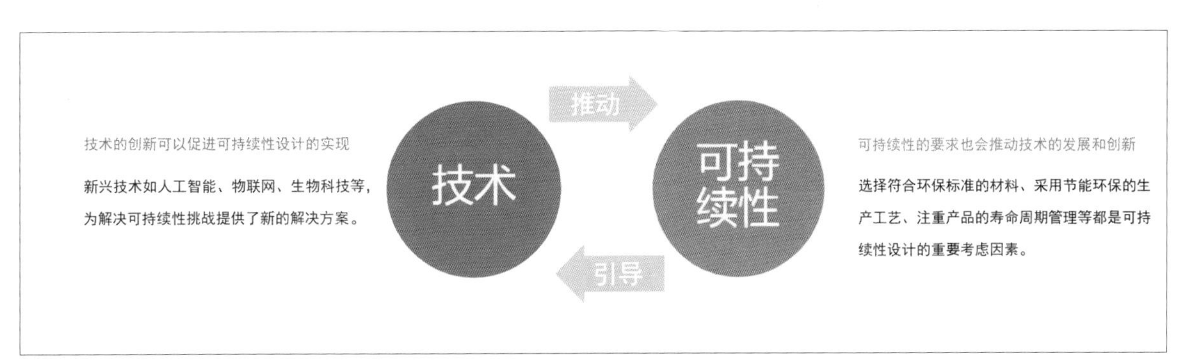

图 1-9　技术与可持续性的关系

图 1-10　城市数据的收集和可视化

来自专家提供的城市数据，可以提高训练效率和预测准确率。

训练完成的AI模型可以预测特定类型的数据。例如，在城市活力预测模型（图1-11）中，设计团队通过手机app的定位功能收集了用户的步行和骑行数据，并且将其展示在平面地图上的热力图中。通过训练AI，设计团队可以预测每个区域用户经过的次数，根据预测结果判断该地区的活力程度。

此外，智能交通系统利用技术改善交通流动性、减少车辆拥堵和尾气排放，从而实现可持续交通目标。例如，城市中的智能交通信号灯系统可以根据即时交通情况进行优化，从而减少车辆等待时间和燃料消耗。而智能导航系统可以帮助驾驶者选择最佳路线，避免拥堵从而节省时间。

AI在创新设计中可以提供数据驱动的决策支持、虚拟仿真和测试、智能控制和自动化、可持续材料选择和循环设计，以及创意辅助和协同设计等功能，有助于加速创新设计过程，提升技术和可持续性的整体效果。

1.1.6 情感连接和用户体验

创新设计追求的不仅仅是功能上的解决方案，更重要的是与用户进行情感上的连接和体验上的共鸣。通过提供愉悦且有意义的体验，创新设计可以建立用户对产品或服务的忠诚度和品牌认同。

对于个性化体验，AI可以通过学习用户的偏好、行为和历史数据，为用户提供个性化的推荐和建议，从而增强用户体验。例如，在电子商务领域，AI可以根据用户的购买历史

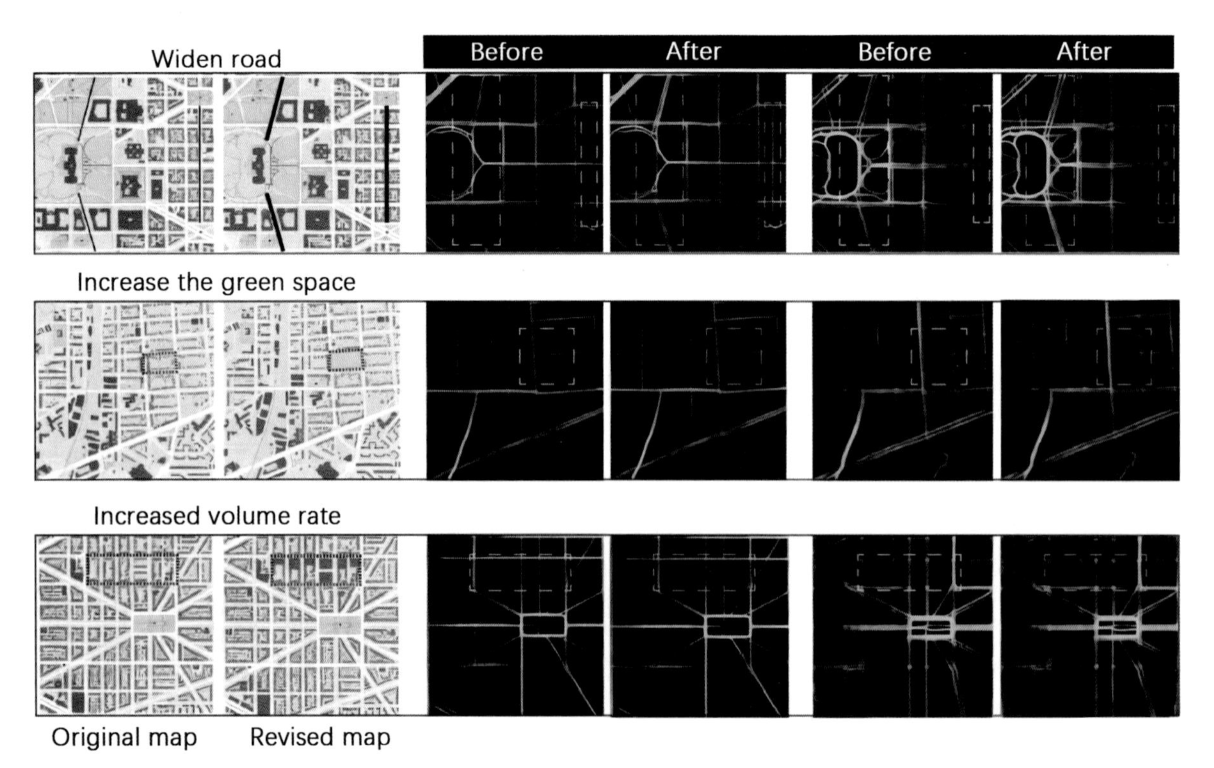

图1-11 城市活力预测模型

和兴趣，推荐符合其口味和需求的产品。个性化体验可以让用户感觉到被关注和理解，有助于增强与用户的情感连接。

AI 还可以通过扮演虚拟角色，与用户进行情感交互。通过模拟人类的反应和情感表达，AI 可以与用户建立更深入的情感连接。例如，在虚拟游戏中，AI 角色可以根据用户的行为和情感状态作出相应的反应，增加了互动的乐趣，引发了情感共鸣。

借助 AI，未来的虚拟交互方式将从文本、图片和视频升级为拟人化的互动。这种交互方式将极大地增强虚拟产品的友好性，并且加强用户与虚拟产品之间的情感联系。例如，日本便利店巨头罗森（LAWSON）在东京开设了首家配备虚拟店员的“Green Lawson”门店（图 1-12）。而研究数据显示，通过线上渠道、人工、虚拟人发放的优惠券领取率分别为 10%、70%、57%。这表明在商业领域中，这种交互方式具有广阔的前景。

创新设计中的情感连接和用户体验可以通过用户参与和反馈、人性化设计、情感识别和表达、故事叙述与体验设计，以及个性化和定制化体验等方式实现。设计师通过关注用户的需求、情感和体验，设计出能够满足用户期望和引发用户情感共鸣的产品或服务，从而与用户建立更紧密的情感连接。

图 1-12 虚拟店员

1.2 AI 在创新设计中的应用现状

AI 在创新设计中的应用正在不断发展，为设计师提供了新的工具和方法来解决问题、优化设计，并推动创新。目前，AI 在创新设计中的应用十分广泛（图 1-13）。

AI 助力设计师表达创意，设计师可以将 AI 工具应用在工作中，比如说当需要探索视觉概念时，可以使用简单的文本说明生成一些素材供其参考和获取灵感；也可以借助 AI 在已有素材中添加其他不同风格元素，探索可能性；还可以利用 AI 图形处理工具，快速生成系列内容比较筛选。

例如，数码艺术家 Karen X.Cheng 和时尚杂志 *Cosmopolitan* 团队一起创造了首个由 AI 生成的艺术封面（图 1-14）。虽然渲染这张图片只用了 20 秒，但团队为了达到更满意的效果，将大量时间投入创意方向的讨论和关键词的挑选与组合，他们尝试输入数百次创意关键字组合进行调试，最终找到了想要的效果。

图 1-14 左边是使用提示词“a strong female president astronaut warrior walking on the planet Mars, digital art synthwave.”生成的图像；右边是使用提示词“wide-angle shot from below of a female astronaut with an athletic feminine body walking with swagger toward camera on Mars in an infinite universe, synthwave digital art.”生成的最终封面效果。

图 1-14 由 AI 生成的艺术封面

总而言之，AI 在创新设计中的应用涵盖了设计灵感生成、辅助设计工具、自动化设计生成、用户体验优化，以及可视化和仿真等方面，为设计师提供了强大的支持和帮助。需要注意的是，虽然 AI 在创新设计中的应用正在快速发展，但目前仍然需要设计师的主观判断和创造性思维。AI 只是为设计师提供了一种辅助工具和方法，在设计过程中与设计师紧密合作，共同推动创新设计的发展。

01	02	03	04	05
AI可以通过学习大量设计作品和图像来生成设计素材，供设计师参考和获取灵感	AI提供了各种辅助设计工具，如自动排版、色彩选择、材料匹配等，大大提高了设计效率和质量	AI能根据设计需求和参数，自动生成符合规范的设计方案，加快设计过程，增强设计的创新性和可行性	AI可以分析用户数据和行为，为设计师提供个性化的设计解决方案，以改善用户体验	AI能够提供可视化效果和虚拟仿真功能，帮助设计师更好地展示和沟通设计概念

图 1-13 AI 在创新设计中的应用

1.3 设计和开发中的AI应用

AI应用能够提高运营效率、降低成本和提高产品质量，其在制造业中变得越来越重要。通过利用AI算法和机器学习技术，制造商可以优化生产流程、预测维护需求，并且在质量问题出现之前识别它们。这些应用程序还可以收集和分析大量数据，为制造商的战略决策提供信息，提出有助于提高整体业务绩效的见解。因此，产品开发中的AI正在成为制造商在当今快节奏、数据驱动的市场中保持竞争力的关键工具。

1.3.1 产品构思和概念生成

提出产品创意可能很困难。根据消费者输入、市场研究和趋势分析，设计人员和开发人员可以使用AI驱动的解决方案生成新的产品概念，即使用机器学习算法分析来自社交媒体、搜索引擎和用户反馈等的数据，以产生新的产品概念。当然，为了找到可能指导新产品创建的趋势和见解，AI还可以分析以前发布过的产品。

1.3.2 设计优化

AI可以通过分析和识别潜在的设计缺陷并提出改进建议来优化产品设计。借助AI驱动的设计工具，设计人员可以更高效地创建和创新设计，同时减少与设计过程相关的时间和成本。这些工具还可以帮助设计人员自动执行重复性任务，如原型设计、测试和模拟，从而让设计人员腾出时间专注于更具创意的任务。

1.3.3 预测性维护

AI可以通过预测产品何时可能出现故障来优化产品开发和维护。使用机器学习算法，AI驱动的预测维护系统可以分析来自传感器和其他来源的数据，以检测异常并在潜在问题发生之前识别它们。这种主动维护的方法可以减少停机时间并最大限度地降低昂贵的维修需求，从而帮助企业节省时间和金钱。

1.3.4 供应链优化

AI可以通过简化供应链管理来优化产品开发流程。AI驱动的系统可以分析多个来源的数据，以识别供应链中的瓶颈和低效率，帮助企业优化库存水平并减少浪费。这些工具还可以帮助企业预测需求并识别供应链中的潜在中断，使企业能够主动采取措施来降低风险。

1.3.5 质量控制和检验

AI还可用于优化产品质量控制和检验。借助AI驱动的检查工具，企业可以自动化质量控制流程并确保产品符合所需标准。这些AI开发工具可以分析来自传感器的图像和数据，以检测缺陷和异常，提高准确度并减少与手动检查相关的时间和成本。

1.4 AI 在设计制造业中的优势

【解读《数字中国建设整体布局规划》】

1.4.1 生产

人类生产具有局限性，比如说进行全天候生产，需要实行工人轮班制。但机器人可以连续工作而不会感到疲倦，有助于扩大生产以满足全球用户的需求。此外，机器人在装配、拣选和包装等各个领域都更加高效，并且可以减少周转时间。

1.4.2 安全

人类会犯错误，尤其是在疲劳或分心时，而 AI 和机器人可以大大减少工厂生产和建筑施工中的错误和事故。远程访问控制意味着在危险或超人任务中对人力资源的需求更少，即使是稳定的环境也能受益于 AI 和机器人的协助，从而提高安全性。先进的传感设备和工业物联网设备能更有效地保护人类生命。

1.4.3 降低成本

AI 技术可以通过改进分析、作出更好的预测和减少库存费用来降低制造商成本。预测性维护可减少停机时间和维护成本。此外，机器人不需要月薪，但企业需要与劳动力成本进行比较以权衡资本支出。

1.4.4 快速决策

工业物联网、云计算、虚拟现实或增强现实可使企业人员无论在何处，都能够共享模拟、协商生产活动并实时交换重要信息。来自传感器和信标的数据有助于确定消费者活动，使企业能够预测未来需求，快速作出生产决策，并且加快与供应商的交流。

总之，AI 正在迅速改变产品设计和开发领域，使企业能够创造出比以往更智能、更高效、更个性化的产品。通过利用基于 AI 的应用程序的强大功能，企业可以优化设计流程、降低成本、提高产品质量并提高用户满意度。

1.4.5 AI 创新设计助力现代化建设

中国共产党第二十次全国代表大会报告强调了高举中国特色社会主义伟大旗帜，为全面建设社会主义现代化国家而团结奋斗的重要性。这一目标的实现需要各行各业的全面发展，其中，AI 创新设计发挥着至关重要的作用。通过 AI 技术的不断创新与应用，我们能够更有效地挖掘和利用数据，加速科技进步与产业升级，为建设现代化国家提供强有力的支撑。AI 在设计领域的广泛运用，不仅可以提高设计效率和质量，还能够促进创意的涌现与传播，推动文化创新和产业转型。因此，我们要以中国特色社会主义伟大旗帜为指引，不断探索创新设计与 AI 技术结合的新路径，为实现社会主义现代化国家的目标而共同努力。

单元训练

1. AI 如何促进创新设计？
2. AI 对创新设计的影响和挑战是什么？
3. 使用 AI 技术进行创新设计的优势与限制各有哪些？
4. AI 如何改善创新设计的用户体验？

第二章 AI 辅助创意设计的基础知识

本章要求

本章旨在让学生全面了解 AI 与创新设计的关系，掌握应用 AI 技术提升创新设计能力的方法，并认识到设计师在应用 AI 技术中扮演的关键角色。

学习目标

本章的目标是让学生深入了解 AI 与创新设计的关系，并且掌握 AI 在创新设计中的应用。具体要求包括理解 AI 在创新设计中的应用，掌握 AI 对设计师角色的影响，分析 AI 为创新设计带来的挑战和机遇，以及认识到设计师的专业素养和创造力的重要性。

2.1 AI 辅助设计的概念

AI 辅助设计是指 AI 技术在设计领域的应用，旨在提供设计过程中的辅助和支持。它可以通过学习和分析大量的设计数据和规则，为设计师提供创意灵感、优化设计方案、加速设计流程等。它涵盖了设计生成与优化、数据分析与洞察、交互与界面设计及自动化制造与生产等方面。一般来说，AI 辅助设计流程如图 2-1 所示。

图 2-1 AI 辅助设计流程

图 2-2 AI 设计的 LOGO

2.1.1 创意生成与灵感启发

AI 可以通过学习和分析大量的设计作品，了解设计的趋势、模式和风格，从中提取创意元素，并且为设计师提供灵感和启发。它可以帮助设计师在创作初期生成多样化的设计概念，拓宽思路和触发创新。例如，AI 生成器 Midjourney，被运用到 Gravity Sketch 建模软件中去设计沉浸式空间与产品的工业设计实践，如可用于生成更具创意的 LOGO（图 2-2）。

在 AI 生成器 Midjourney 中输入 “/Blend” 命令，可以导入两张图片，若导入一张猫咪和一张机器人的图片，生成器将根据图片信息合成一张猫咪机器人的图片（图 2-3）。

图 2-3 Midjourney 生成的猫咪机器人图片

2.1.2 快速原型制作

AI 可以帮助设计师快速生成设计的实物模型或虚拟模型。通过 3D 打印技术、计算机模拟或虚拟现实技术，AI 可以将设计概念转化为可视化的原型，帮助设计师检查设计的细节、形态和比例，提高设计的沟通效率，增强设计的展示效果。

AI 生成产品结构的大致形体 / 外观，通过如 Grasshopper、Houdini 等参数化建模工具完善最终设计。这种设计目前的生产工艺为 3D 打印，金属采用的 SLM（Selective Laser Melting，选择性激光熔化）工艺也是 3D 打印的一种（图 2-4）。

2.1.3 自动化设计流程

AI 可以自动执行一些重复性、烦琐或耗时的设计任务，帮助设计师节省时间和精力。例如，AI 可以自动分类、整理和标记设计素材，提供快速的搜索和筛选功能，提高设计效率。

AI 绘画技术可以帮助设计师实现自动化设计。通过程序化的算法和技术，AI 可以自动生成设计图案、形状和样式。这可以帮助设计师更快地完成设计任务，同时减少人工失误。如图 2-5 和图 2-6 就是根据描述对现有图像进行编辑并按给定原图生成同一风格的不同图像。

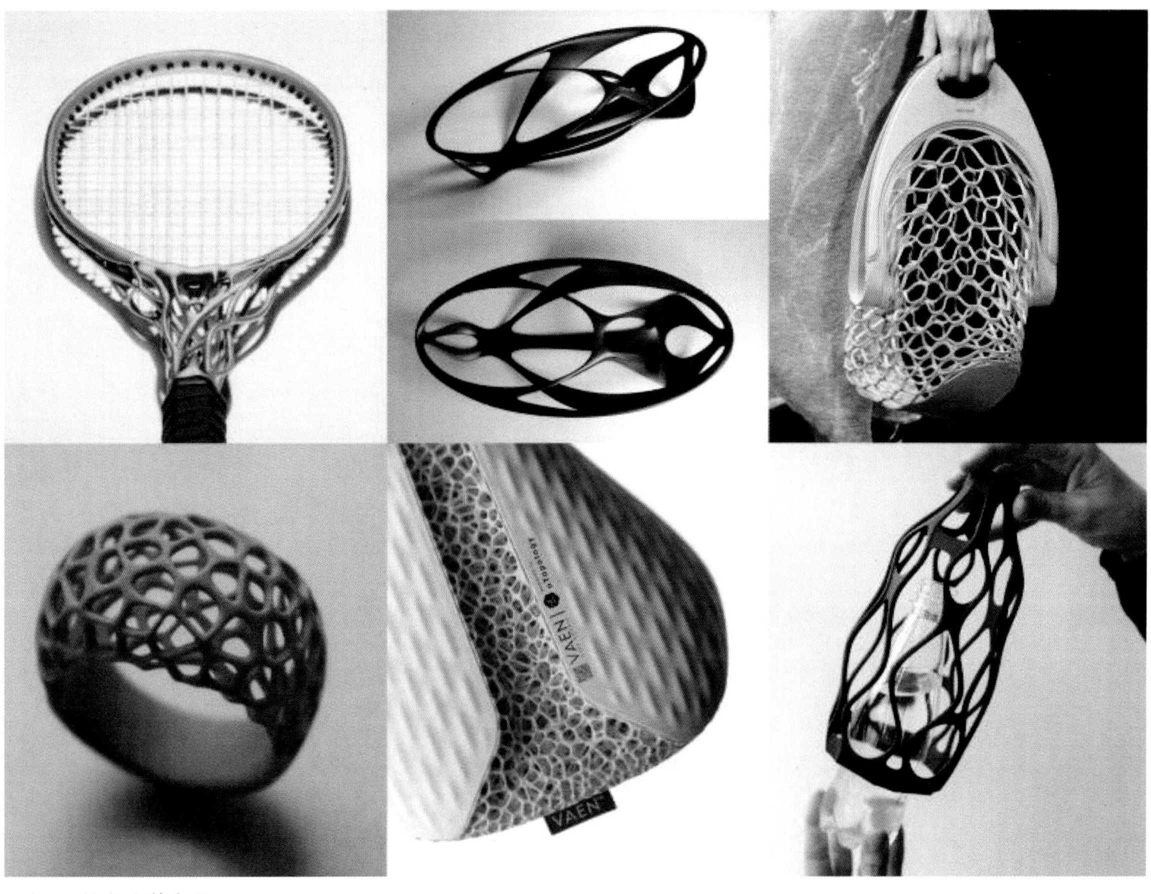

图 2-4 3D 打印的产品

图 2-5　按描述“一个宇航员 + 骑马 + 超现实风格”生成的画

DALL·E 2 VARIATIONS

图 2-6　根据《戴珍珠耳环的少女》风格生成的画

2.1.4　用户体验优化

AI 可以分析大量的用户数据，了解用户的行为、喜好和需求，帮助设计师更好地理解用户群体。这样设计师可以根据用户反馈和数据分析，有针对性地改进产品设计，从而为用户提供更好的体验。

“盲人生活在黑暗中”是非盲人试图理解盲人而臆断的。研究表明，实际上有 80% 左右的盲人保留有视力，对光仍有反应。视觉辅助类产品设计有理由将这尚存的视力进行充分利用。AIREADER 是一款基于用户体验、AI 算法的未来盲人阅读设备，利用盲人尚存的光感提出“光信号提示”的设计概念，围绕“操作无障碍”的目标，致力于提升视觉辅助类产品的用户体验（图 2-7）。

AIREADER 配有一支扫描仪，外设头戴配件主要包括一对光信号灯和一对骨传导耳机，利用扫描仪获取盲人用户眼前信息，并且通过

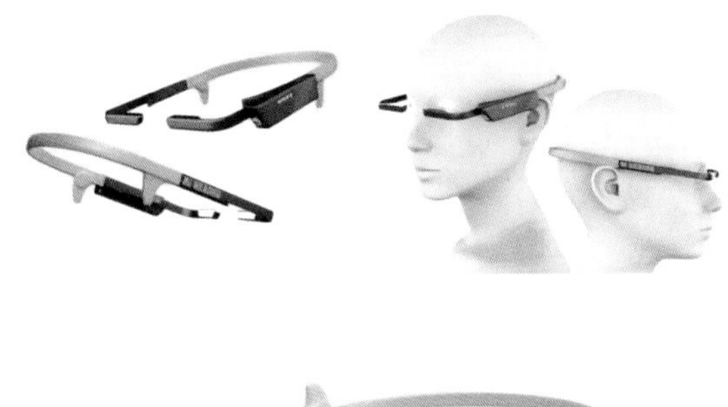

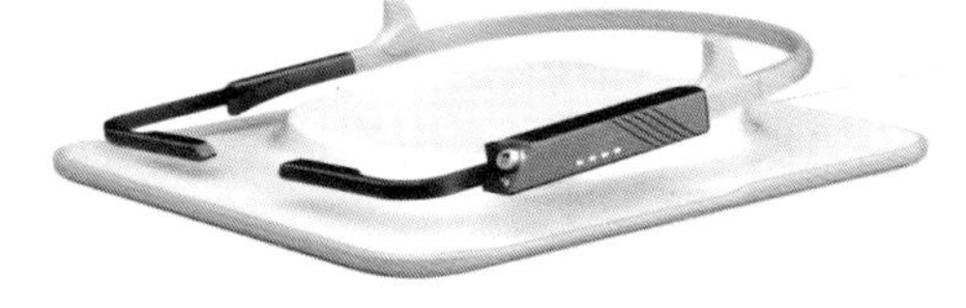

图 2-7　外设头戴配件

朗读和光信号的方式把信息反馈给盲人用户；运用光信号提示功能帮助盲人在路径导航的时候更加直观地辨别方向和侦察障碍物。可见，该设备在文本识别、物品识别、手势识别等 AI 算法加持下更有可能赋予盲人读书、识物、识别道路信号灯等能力。

2.1.5　设计优化与验证

AI 可以利用模拟和算法对设计进行优化和验证。通过数值模拟、结构分析、流体动力学等方法，AI 可以评估设计的性能和可靠性，发现潜在的问题并提供改进方案。这有助于设计师在设计过程中提高效率和质量，降低试错成本。

AI 绘画技术可以通过机器学习和深度学习优化设计。它能够分析设计原型中的细节和特征，通过学习大量数据来增强设计的合理性并优化设计。这使设计师能够在更短的时间内得到更好的设计结果。此外，设计师完成设计后，需要对其进行测试并获得用户反馈，以确保设计符合用户需求。这可以通过用户测试、焦点小组或其他反馈机制来实现。可见，AI 技术可以辅助设计师以科学理性的方式验证设计。

眼动追踪测试可以即时产生用户测试数据，直观、有效、可视化地展示出关于用户视觉行为特点的分布情况，从而帮助设计师更好地调整设计方案（图 2-8）。

通过 AI 分析用户数据，为特定用户优化界面作出明智的决策，可以给用户带来更加个性化的体验。此外，AI 可以帮助设计师更快、更高效地创建界面，从而让设计师有更多时间专注于其他重要任务。

图 2-8　工具 VisualEyes（眼动追踪测试）

2.2 AI 辅助设计的技术原理

AI 是一种计算机系统通过学习和自我改进，完成人类通常需要执行的智能任务的技术。AI 的基本原理是通过构建算法和模型来实现智能化的决策和处理方案。

2.2.1 数据训练与学习

AI 辅助设计的首要前提是通过大量的设计数据进行训练和学习。设计师可以提供设计样本、规则和约束条件，以及相应的评估指标；然后，通过机器学习算法，如监督学习、无监督学习或强化学习，从数据中学习设计的模式、规律和特征。如图 2-9 所示，森林巡检（包括资源分析、火情监测……）主要是基于深度卷积神经网络（Convolutional Neural Network，CNN）的图像处理。

2.2.2 特征提取与表示学习

在设计中，一组合理的特征表示对准确地学习和推理非常重要。AI 可以通过深度学习模型，如卷积神经网络或循环神经网络（Recurrent Neural Network，RNN），自动从输入的设计数据中提取特征。这些特征表示能够捕捉到设计的关键信息，为后续的分析和决策提供基础。

草莓采摘是一个具有挑战性的任务，其人工劳动强度高、成本昂贵，所以应用机器人代替人力已成为必然趋势。目前，人们通过组合深度神经网络和多传感器融合技术，实现了对草莓的准确识别和对目标果柄的定位（图 2-10）。这项技术可以在复杂的自然环境

图 2-9 AI 通过语义分割分析森林资源

图 2-10　草莓识别和目标果柄的定位

下，精确地识别并定位需要采摘的草莓。草莓采摘机器人已经取得了超过 96% 的无损采摘成功率，采摘速度也可达到 4 秒 / 颗。这一技术有望进一步提高采摘效率和成功率，推动草莓生产的现代化与智能化。

2.2.3　生成模型与优化算法

AI 辅助设计可以基于生成模型和优化算法来生成新的设计方案。生成模型，如生成对抗网络（Generative Adversarial Network，GAN）或变分自编码器（Variational Auto-Encoder，VAE），AI 可以根据学习到的设计模式和规律生成新的设计样本。优化算法，如遗传算法、进化策略或梯度下降法，AI 可以根据设计的目标和约束条件，搜索最优的设计解。

小米 CC9 手机在发布时推出"魔法换天"功能，用户拍摄一张带有天空背景的照片，就可以将背景换成晴天、阴天、夜晚等不同风格的天空（图 2-11）。对于"魔法换天"，从交互设计上的呈现模型来看，只是用户端"设计风格"的一键切换。但如果从实现模型来看，首先需要实现图片语义分割，让机器学会分辨什么是"天空"；其次，通过海量不同风格图片数据的输入让机器学会什么是"风格"，这中间就会应用到不同的算法模型，如卷积神经网络结合注意力机

图 2-11　AI 算法的实际应用

制（Attention Mechanism）进行关键特征抽取，实现风格分类；最后，再通过生成对抗网络的生成模型和判别模型训练输出最优的目标风格图片，完成用户的“魔法换天”操作。

经典的案例还有很多，如基于卷积神经网络的品牌 LOGO 评分排序、基于 R-CNN 目标检测的空间行为识别、基于生成对抗网络的字体生成等。但对于交互设计，上述的算法模型框架和实现细节可能不是重点，设计师需要关注的其实是 AI 算法的能力与边界，从而思考 AI 如何影响产品交互与用户行为。

2.2.4 强化学习与决策优化

AI 辅助设计可以通过强化学习来进行决策优化。通过构建一个设计环境，在每个决策点上，AI 可以根据当前的设计状态和评估指标，选择最佳的行动策略。随着不断地尝试和用户反馈，AI 可以通过优化奖励函数，逐步学习并改进设计策略。

如图 2-12 所示，物流领域经常需要确认车辆身份，监控车辆有没有异常停靠，看看车辆是进入还是离开了作业区域，观察车辆是正在装、卸货还是验货等。

2.2.5 知识图谱与推理模型

AI 辅助设计可以基于知识图谱和推理模型进行设计规则的推理和约束的应用。知识图谱是一种表示事实和关系的图状结构，可以存储设计领域的知识和规则。推理模型是根据设计需求和相关知识进行逻辑推理和规则应用的模型，可以生成符合设计规范和要求的设计方案。

总体而言，AI 辅助设计旨在利用机器学习和深度学习的算法模型，自动学习和分析设计数据中的规律，为设计师提供辅助支持，便于推进设计流程，生成更优质的设计方案，实现与设计师的互动与协作。

2.2.6 AI 辅助创意设计：助推中国创新发展

党的二十大报告提出，“教育、科技、人才是全面建设社会主义现代化国家的基础性、战略性支撑”，“必须坚持科技是第一生产力、人才是第一资源、创新是第一动力，深入实施科教兴国战略、人才强国战略、创新驱动发展战略，开辟发展新领域新赛道，不断塑造发展新动能新优势”。

AI 技术的快速发展为创意设计带来了全新

图 2-12 车辆行为识别

的可能性，它不仅能够处理海量的数据，挖掘用户需求和市场趋势，还能够通过智能算法提供灵感和创意的引导。AI 辅助的创意设计不仅能够提高设计效率和质量，还能够促进文化创新和产业升级，为建设现代化国家注入新的动力。

【AI 绘意中国】

【第 25 届中国机器人及人工智能全国总决赛赛况】

单元训练

1. AI 辅助创意设计的概念及其在实际应用中的作用是什么?
2. AI 在创意设计过程中的角色和价值是什么?
3. AI 在创意设计中的关键技术和算法有哪些?
4. AI 如何帮助设计师提高创意设计的效率和质量?
5. 如何将人类创意与 AI 技术结合，实现更好的创意设计?

第三章
基于 AI 的创意设计

本章要求

本章旨在帮助学生深入了解基于 AI 的创意设计，探索应用 AI 技术提升创新设计能力的方法。具体要求包括理解 AI 在创新设计中的应用，掌握 AI 对设计师角色的影响，分析基于 AI 的创新设计的挑战和机遇，以及强调设计师的专业素养和创造力的重要性。

学习目标

本章的目标是让学生全面了解基于 AI 的创意设计，掌握应用 AI 技术提升自身创新设计能力的方法，思考 AI 技术带来的挑战与机遇，理解设计师在应用 AI 技术中的关键作用。

3.1 AI 在创意激发中的应用

3.1.1 基于 AI 的用户需求分析

在 AI 快速兴起的今天，设计师借助 AI 辅助设计工作已经成为一种趋势（图 3-1）。不可否认的是，AI 的使用确实让设计师极大地提高了工作效率。而在设计中，我们首先要明确的就是用户的需求。

AI 可以通过自然语言处理和语音识别等技术，让设计师更加高效地与计算机进行交互。这些技术可以帮助设计师更好地理解设计需求，快速查找和应用设计资源，从而更好地完成设计工作。

需要注意的是，传统的用户需求分析在一些情况下仍然具有重要意义，特别是在对主观性较强、个体差异较大的用户需求进行分析时。基于 AI 的用户需求分析可以作为一个补充，结合传统方法和 AI 技术的优势，以更全面和准确的方式理解用户需求，并且提供更优质的创意设计解决方案（表 3-1）。

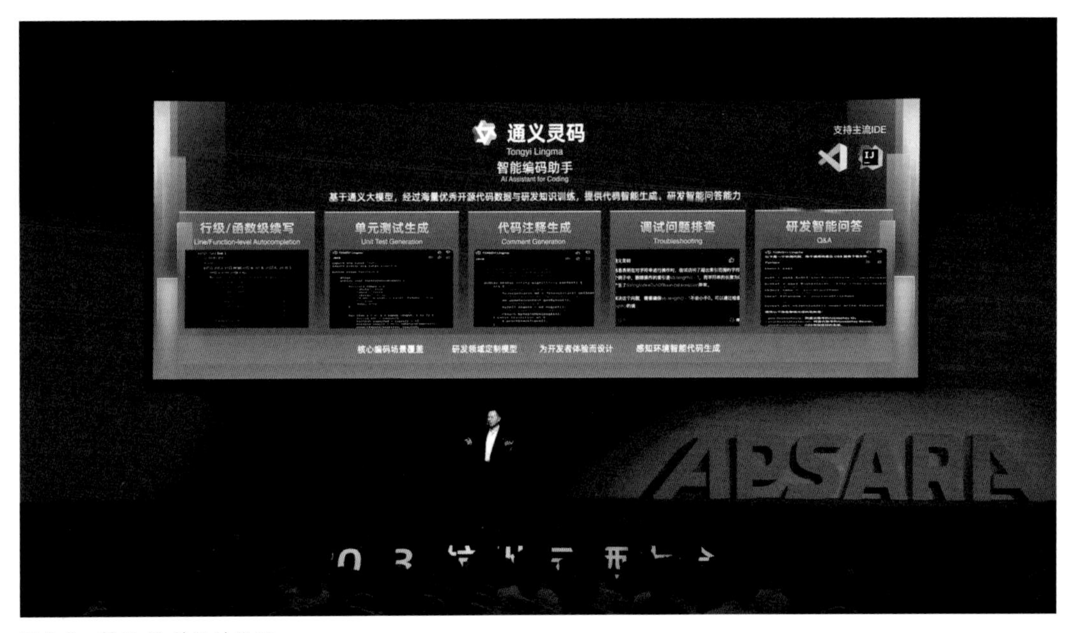

图 3-1 基于 AI 的设计代码

表 3-1 传统方式与 AI 用户需求分析对比

用户需求	自动化和智能化	多维度分析能力	预测和推荐能力	实时反馈和优化
传统	人工进行数据挖掘和分析，工作量较大且容易存在主观偏差	通常倾向于依靠少数样本或经验来进行判断	依赖对历史数据的统计和分析，难以进行准确的预测	需要更长的周期来获取用户反馈并进行设计迭代
AI	自动地处理数据并从中提取关键信息	同时考虑多个维度的数据	预测用户未来的行为和喜好并给出相关的推荐	实时地收集和分析用户的反馈并根据用户的喜好进行创意设计的调整和优化

长期以来，企业基于消费者U&A(U=usability，适用；A=acceptance，接受）调研来研究用户需求，它在企业发展和营销行动中扮演着“听诊器”和“指南针”的角色，可以把脉市场，洞察消费者心理，探索规律，发现市场机会，帮助企业把握发展方向，明确营销目标和市场规划。

然而，这种传统的用户调研方式存在样本量较小、实施周期长、累计实施成本高和决策主观化的问题，而且越来越多地受到海量的数据和变化莫测的市场需求的冲击，亟须科学化、智能化的轻量级解决方案（图 3-2）。

3.1.2　基于 AI 的市场分析

AI 在营销方面具有巨大的潜力，它有助于增加信息和数据源，提升软件的数据管理能力，设计复杂而先进的算法。AI 正在改变品牌和用户之间的互动方式，该技术的应用高度依赖网站的性质和业务类型。营销人员现在可以更加关注用户，实时满足他们的需求。通过使用 AI，他们可以快速确定要提供给目标用户的内容及在什么时候使用哪个渠道，这归功于 AI 的算法收集和生成的数据。由此，用户感到轻松自在，并且更倾向于购买使用 AI 提供个性化服务的产品。

AI 工具还可用于分析竞争对手活动的效果并揭示用户的期望。机器学习（Machine Learning，ML）是 AI 的一个子集，它允许计算机分析和解释数据，而无须明确编程。此外，ML 帮助人类有效地解决问题。随着更多数据被输入算法，该算法会学习并提高性能和准确度。

我们不难预想，基于新的 AI 技术的营销市场平台每天都在涌现。这形成了一个非常复杂的行业环境。但总的来说，今天与 AI 相关的市场营销技术应用可以大致分为以下几类（图 3-3）。

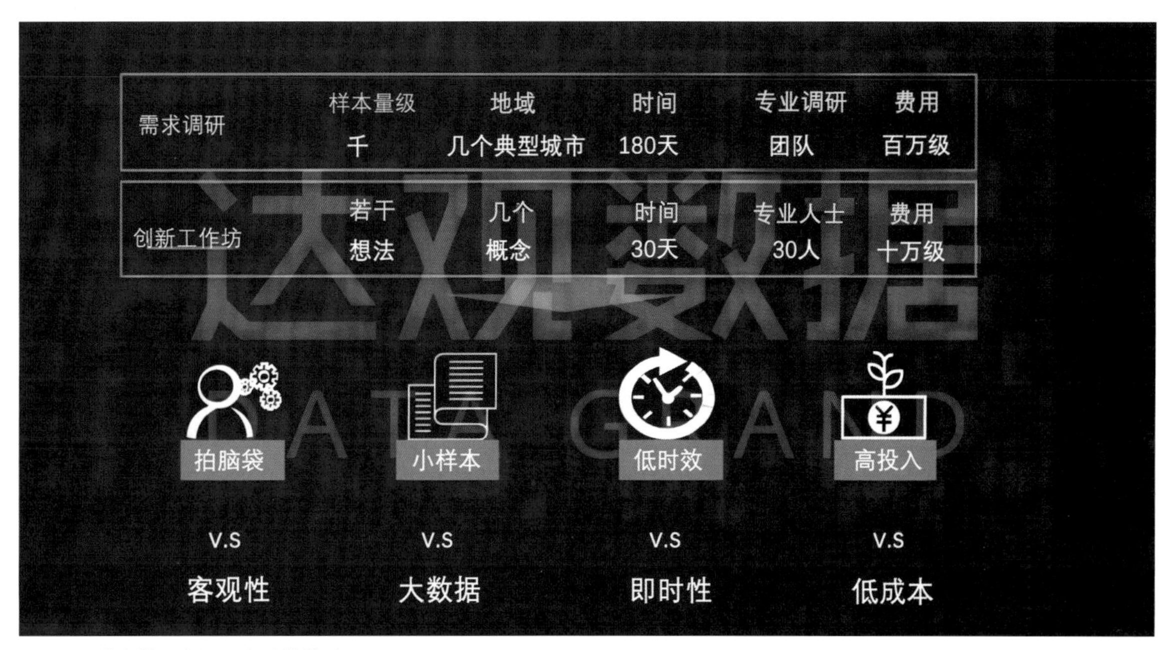

图 3-2　传统的用户调研方式的弊端

图 3-3 营销 AI 技术的市场概况

当与高质量的市场研究数据结合时，AI 是一个强大的工具。这使企业能够完成广泛的任务。目标群体的细分是这个广泛用例的一个重要特征。在这项工作中，AI 比人类更快、更高效。企业可能会向目标受众提供更量身定制的优惠，如果用户进行更深入的调查，则更有可能接受这些优惠。随着新技术的快速传播，许多行业领导者被鼓励进入更先进、更高效的领域，而 AI 已经确立了“最有用的领域之一”的地位。拥有 AI 的组织将有更好的机会，以各种方式在竞争中保持领先地位。

3.2　AI 在创意生成中的应用

3.2.1　基于 AI 的概念生成

概念生成是 AI 在语言处理领域的一项重要任务，它指的是根据给定的输入或主题，使用自然语言生成与之相关的新概念或想法。

基于 AI 的概念生成可以应用于多个领域。例如，在创意设计中，可以利用 AI 生成新的产品、艺术品或建筑设计的概念；在科学研究中，可以利用 AI 生成假设、实验设计或新的理论概念；在市场营销中，可以利用 AI 生成新产品的名称、广告口号或品牌概念等。如图 3-4，是用 MJ 生成的包装设计图，具有不同的主题风格。

又如图 3-5，零食品牌“食验室”通过 AI 为新品“菜园小饼”设计了 5 款产品包装，并且已确认最终包装，正式在线上渠道销售。据媒体公开报道，“食验室”只花费了两三个小时来确认 AI 的设计方案。在不使用图像处理工具的情况下，只根据简单的文字输入，美工就完成了产品包装设计的调整和排版。

图 3-4　MJ 生成的包装设计图

图 3-5 新品“菜园小饼”的产品包装

AI 的概念生成通常通过训练大规模的语料库和深度学习模型来实现。这些模型可以从文本数据中学习语义、语法和上下文信息，根据输入内容生成具有创造性和合理性的新概念。随着 AI 的不断发展和进步，概念生成将会在更多的领域和任务中发挥重要作用，为人们提供创意和灵感。

3.2.2 基于 AI 的形态生成

基于 AI 的形态生成是指利用 AI 技术和算法生成虚拟或数字化的物体、形状或图像的过程。这种技术可以应用于许多领域，如计算机图形学、艺术创作、产品设计等。以 AIGC（AI Generated Content）为例，AIGC 又被称为“生成式 AI”，即用 AI 生成内容。量子位发布的《AIGC/AI 生成内容产业展望报告》将 AIGC 定义为基于生成对抗网络、大型预训练模型等 AI 技术，通过已有数据寻找规律，并且通过适当的泛化能力生成相关内容的技术。与之相似的概念还包括 Synthetic Media，即合成式媒体，主要是指基于 AI 生成的文字、图像、音频等。

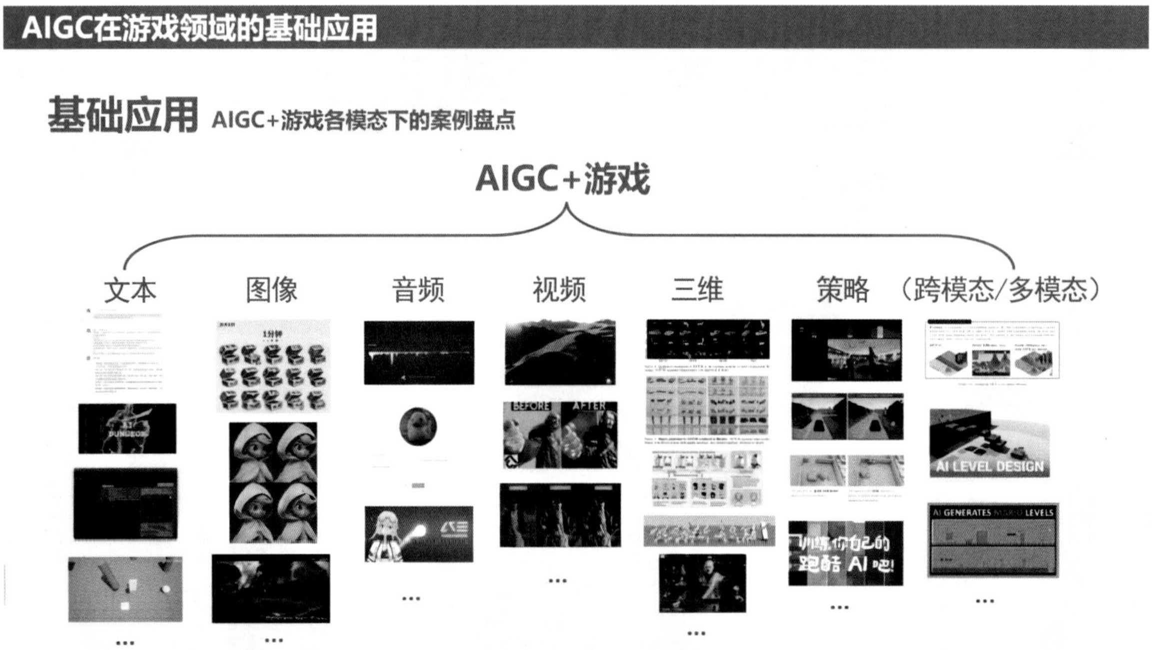

AIGC在游戏领域的基础应用

基础应用 AIGC+游戏各模态下的案例盘点

AIGC+游戏

文本 图像 音频 视频 三维 策略 （跨模态/多模态）

图 3-6 AIGC 在游戏领域的基础应用

如图 3-6 所示，我们将从文本、图像、音频、视频、三维、策略等模态，综合介绍 AIGC 在游戏领域的基本应用。跨模态 / 多模态内容没有被单独列出，将在这 6 个模态下穿插介绍。一般认为，跨模态 / 多模态将是未来最具潜力和价值的发展方向。

例如，在文本和图像两大模态，2022 年诞生了诸如 ChatGPT、Midjourney、Stable Diffusion 等现象级产品，也进一步推动了社会相应领域的研发激情和实际投入（表 3-2）。其中，在文本领域，语言模型及产品在 ChatGPT 爆火后迎来了一波井喷，如 Newbing、Claude、Llama、Alpaca、ChatGLM、MOSS、文心一言、通义千问等。

表 3-2 文本、图像的详细介绍

模态	子类	当前常见模型	代表产品
文本	通用文本	GPT:Generative Pre-Trained Transformer（生成式预训练变换模型）	ChatGPT、Newbing、Claude、Llama、Alpaca、ChatGLM、MOSS、文心一言、通义千问……
		BERT:Bidirectional Encoder Representation from Transformers、LaMDA、PaLM 等	Gemini
	文案	GPT	NovelAI、NotionAI、彩云小梦、AI Dungeon
	代码	“ChatGPT 爆火后，（传统）NLP 技术不存在了”——IDEA 张家兴	生成、修改、加注释、代码审查：ChatGPT、Codegen、Cursor.so、Github Copilot、metabob 游戏内生成：Unity AI、ChatUnreal、作者本人测试的 ChatGPT 生成 Unlua/Newbing 生成绿洲启元游戏代码 自动调试：AutoGPT
	对话		ChatGPT 骑砍 NPC、沈思前（Glow 软件）、赛博佛祖
图像	图像生成	Diffusion、GAN	鼻祖：Midjourney、Stable Diffusion、DALL · E2、NVidia Canvas 衍生产品：niji journey、novel ai image-gen、sd-webui、waifu diffusion、Leonardo.AI、scenario.gg、Adobe Firefly…… GAN:GigaCAN 衍生技术：ControlNet、Diffusion LoRA/LoCon/LoHA…… PBR 生成：Text2Tex、ControlNet
	图像处理	CNN、ResNet、GAN、Diffusion、YOLO、SAM	超分辨率：Hires(SD Webui)、Tiled Vac 填充：Image 2image(SD Webui) 识别 & 语义分割：YOLO V5、Meta Segment Anything、SenseID（商汤科技）Face++（旷视科技）…… 风格化 /Enhance:Nvidia Minecraft AI、GTA Enhanced(Intel)、作者本人的 UE5+SD 实时画面风格化 跨模态 / 多模态衍生：UnrealCV

1. 文本生成

通用文本更贴近应用文本和泛文本，如游戏策划案设计思路、设计细节、游戏里用到的表格、游戏本地化内容及数据分析输出报表（图3-7、图3-8），都属于通用文本的范畴。

游戏里的故事文本、对话数据（这里指预设好的对话，而不是交互式对话文本）等均可以通过NovelAI、Notion AI、彩云小梦等工具生成，乃至产生新玩法，如AI Dungeon，也可以动态生成故事，且能够根据玩家的输入内容作出反应，生成不可预测的动态游戏体验。最新的GPT技术撰写的文案在某些情况下还能超越人类水平，尤其是在一些限定的规则下，如补全故事和使用表情符号（Emoji）表述指定的内容（图3-9）等。

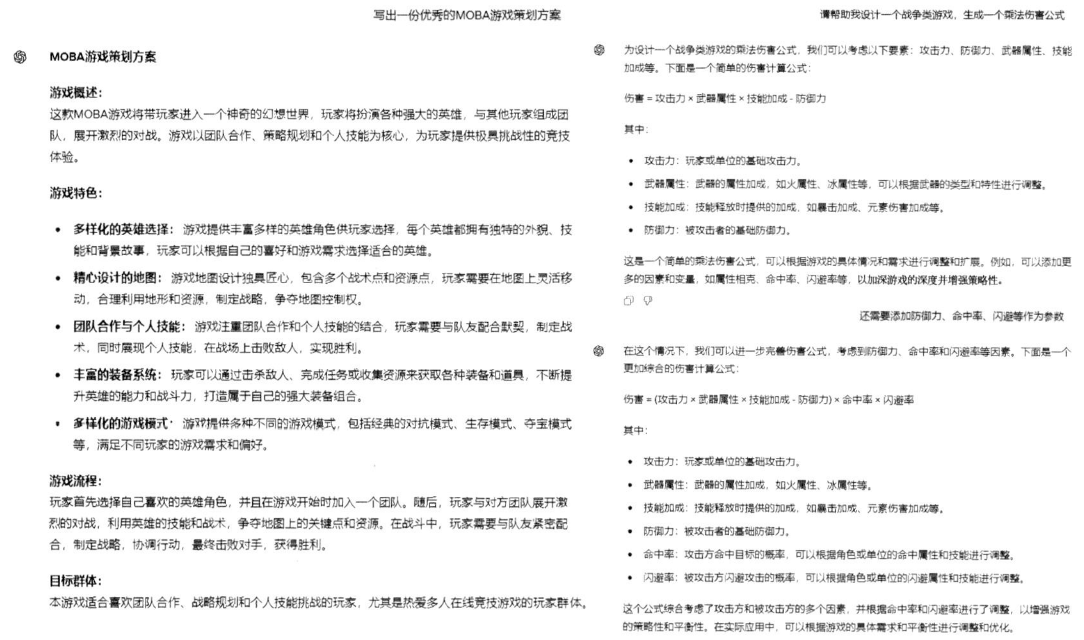

写出一份优秀的MOBA游戏策划方案

MOBA游戏策划方案

游戏概述：
这款MOBA游戏将带玩家进入一个神奇的幻想世界，玩家将扮演各种强大的英雄，与其他玩家组成团队，展开激烈的对战。游戏以团队合作、策略规划和个人技能为核心，为玩家提供极具挑战性的竞技体验。

游戏特色：

- **多样化的英雄选择：** 游戏提供丰富多样的英雄角色供玩家选择，每个英雄都拥有独特的外貌、技能和背景故事，玩家可以根据自己的喜好和游戏需求选择适合的英雄。
- **精心设计的地图：** 游戏地图设计独具匠心，包含多个战术点和资源点，玩家需要在地图上灵活移动，合理利用地形和资源，制定战略，争夺地图控制权。
- **团队合作与个人技能：** 游戏注重团队合作和个人技能的结合，玩家需要与队友配合默契，制定战术，同时展现个人技能，在战场上击败敌人，实现胜利。
- **丰富的装备系统：** 玩家可以通过击杀敌人、完成任务或收集资源来获取各种装备和道具，不断提升英雄的能力和战斗力，打造属于自己的强大装备组合。
- **多样化的游戏模式：** 游戏提供多种不同的游戏模式，包括经典的对抗模式、生存模式、夺宝模式等，满足不同玩家的游戏需求和偏好。

游戏流程：
玩家首先选择自己喜欢的英雄角色，并且在游戏开始时加入一个团队。随后，玩家与对方团队展开激烈的对战，利用英雄的技能和战术，争夺地图上的关键点和资源。在战斗中，玩家需要与队友紧密配合，制定战略，协调行动，最终击败对手，获得胜利。

目标群体：
本游戏适合喜欢团队合作、战略规划和个人技能挑战的玩家，尤其是热爱多人在线竞技游戏的玩家群体。

请帮助我设计一个战争类游戏，生成一个乘法伤害公式

为设计一个战争类游戏的乘法伤害公式，我们可以考虑以下要素：攻击力、防御力、武器属性、技能加成等。下面是一个简单的伤害计算公式：

伤害 = 攻击力 × 武器属性 × 技能加成 - 防御力

其中：

- 攻击力：玩家或单位的基础攻击力。
- 武器属性：武器的属性加成，如火属性、冰属性等，可以根据武器的类型和特性进行调整。
- 技能加成：技能释放时提供的加成，如暴击加成、元素伤害加成等。
- 防御力：被攻击者的基础防御力。

这是一个简单的乘法伤害公式，可以根据游戏的具体情况和需求进行调整和扩展。例如，可以添加更多的因素和变量，如属性相克、命中率、闪避率等，以加深游戏的深度并增强策略性。

还需要添加防御力、命中率、闪避等作为参数

在这个情况下，我们可以进一步完善伤害公式，考虑到防御力、命中率和闪避率等因素。下面是一个更加综合的伤害计算公式：

伤害 = (攻击力 × 武器属性 × 技能加成 - 防御力) × 命中率 × 闪避率

其中：

- 攻击力：玩家或单位的基础攻击力。
- 武器属性：武器的属性加成，如火属性、冰属性等。
- 技能加成：技能释放时提供的加成，如暴击加成、元素伤害加成等。
- 防御力：被攻击者的基础防御力。
- 命中率：攻击方命中目标的概率，可以根据角色或单位的命中属性和技能进行调整。
- 闪避率：被攻击方闪避攻击的概率，可以根据角色或单位的闪避属性和技能进行调整。

这个公式综合考虑了攻击方和被攻击方的多个因素，并根据命中率和闪避率进行了调整，以增强游戏的策略性和平衡性。在实际应用中，可以根据游戏的具体需求和平衡性进行调整和优化。

图3-7 ChatGPT输出MOBA（Multiplayer Online Battle Arena，多人在线战术竞技游戏）游戏策划案和战争类游戏伤害公式

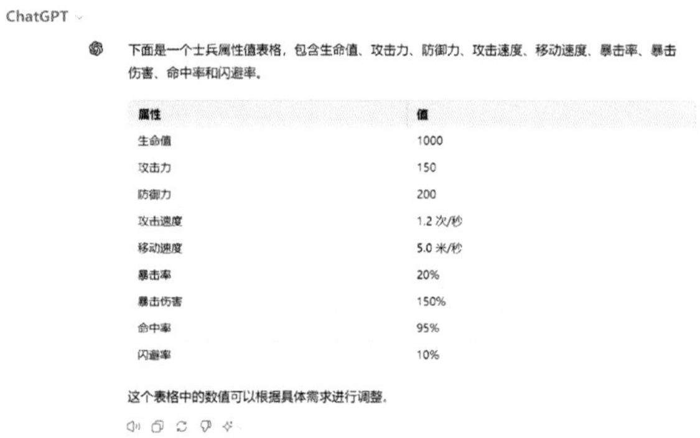

ChatGPT

下面是一个士兵属性值表格，包含生命值、攻击力、防御力、攻击速度、移动速度、暴击率、暴击伤害、命中率和闪避率。

属性	值
生命值	1000
攻击力	150
防御力	200
攻击速度	1.2 次/秒
移动速度	5.0 米/秒
暴击率	20%
暴击伤害	150%
命中率	95%
闪避率	10%

这个表格中的数值可以根据具体需求进行调整。

图3-8 ChatGPT输出士兵属性值表格

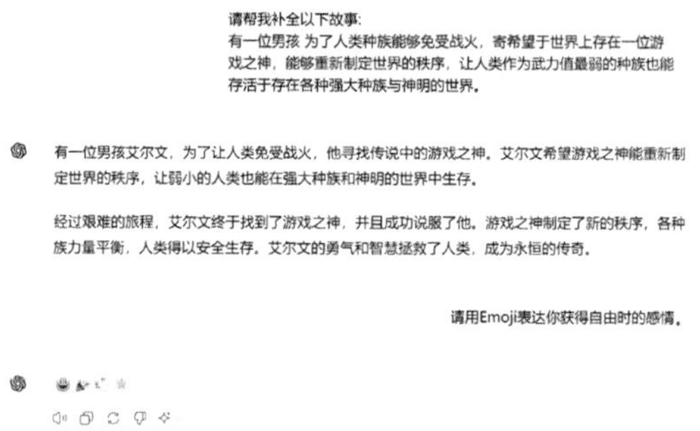

请帮我补全以下故事：
有一位男孩 为了人类种族能够免受战火，寄希望于世界上存在一位游戏之神，能够重新制定世界的秩序，让人类作为武力值最弱的种族也能存活于存在各种强大种族与神明的世界。

有一位男孩艾尔文，为了让人类免受战火，他寻找传说中的游戏之神。艾尔文希望游戏之神能重新制定世界的秩序，让弱小的人类也能在强大种族和神明的世界中生存。

经过艰难的旅程，艾尔文终于找到了游戏之神，并且成功说服了他。游戏之神制定了新的秩序，各种族力量平衡，人类得以安全生存。艾尔文的勇气和智慧拯救了人类，成为永恒的传奇。

请用Emoji表达你获得自由时的感情。

图3-9 ChatGPT补全故事和使用Emoji表达指定的内容

2. 图像生成

在图像生成领域，Midjourney、Stable Diffusion、DALL·E2 等工具已让大众耳熟能详且成为这一领域的领跑者，现如今则发展成 Midjourney 和 Stable Diffusion 平分天下的局面：艺术家、设计师更偏爱 Midjourney，因为它生成的内容质量足够高且相对易用；而工程师、技术美术和大厂工作人员则更偏爱 Stable Diffusion，因为它可以通过输入复杂的参数来进行精细化控制和代码开源。如图 3-10 所示，是两者生成图像的对比。

3. 三维与策略生成

在三维生成方面，其功能可分为模型生成、数字人、动作生成、全景图、场景生成、自动化布景 / 关卡设计等。其中，模型生成又分为传统 3D 模型生成和神经辐射场（Neural Radiance Fields，NeRF）生成两种不同解决方案。传统 3D 模型生成即生成由点线面构成的、记录几何信息的模型，通常需要 3D/ 深度监督来进行姿态估计。神经辐射场生成则是一种新兴的自监督生成方式，只需要使用图像来学习场景和姿态，具有照片真实感。三维与策略方面的详细介绍见表 3-3。

如图 3-11 所示，在传统 3D 模型生成中，GET3D 提供了具有高保真纹理和复杂几何细节的 3D 形状生成方案；Zero123 则利用 Diffusion 模型的特性，提供了从单帧图像生成 3D 内容的解决思路；OpenAI 也在前不久发布了自己的 3D 生成解决方案 Shap-E，支持文生 3D、图生 3D。此外，传统的摄影测量技术也非常发达，已经被广泛地运用在测绘和写实游戏资产生成的场景中。如图 3-12 所示，游戏《黑神话：悟空》就大量运用了摄影测量技术来还原真实场景下的历史古迹、雕塑等。

在神经辐射场生成中，DreamFusion（图 3-13）、Magic3D 都提供了较为完备的从文本生成 3D 信息的解决方案，MakeIt3D、Pix2NeRF 则提供了从图像生成 3D 信息的思路——从单帧静态图像转化成完整的 3D 模

图 3-10　Midjourney 与 Stable Diffusion 的图像对比

表 3-3 三维与策略方面的详细介绍

模态	子类	代表产品
三维	传统 3D 模型	NVIDIA GET3D、Zero123
	NeRF 神经辐射场	Google DreamFusion、NVIDIA Magic3D、Luma AI、MakeIt3D、Pix2NeRF
	数字人	影眸科技 ChatAvatar、网易伏羲 Galaxy face（照片捏脸）、PAniC-3D
	口型	Audio2face、Text2face
	运作	Cyanpuppets、Nvidia ASE (Adversarial Skill Embeddings)
	全景图	Blockade Labs
	场景	NeuralField-LDM
	布景、关卡设计	SplineAI、AI Enhanced Procedural City Generation（腾讯 AI Lab）、Yahaha Studio、MarioGPT、UnityAI、AI 生成关卡（EA）
	可交互内容	GameGAN
策略	AI Bot	单体行为：Plan4MC、AI 生成关卡（EA） 合作行为：OpenAI 的躲猫猫、GDC《使用深度强化学习创建合作角色行为》 任务调度：AutoGPT、HuggingGPT、Tool Leaming with Foundation Models AI Bot 代表公司：rct AI、超参数科技

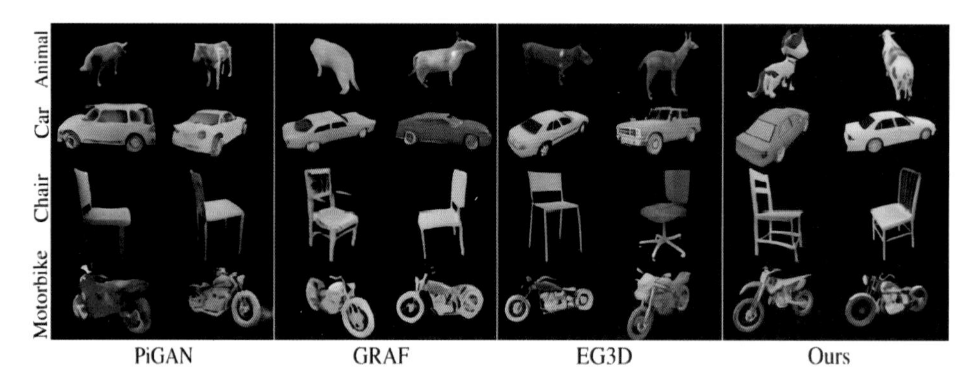

Figure 4: Qualitative comparison of GET3D to the baseline methods in terms of generated 2D images. GET3D generates sharp textures with high level of detail.

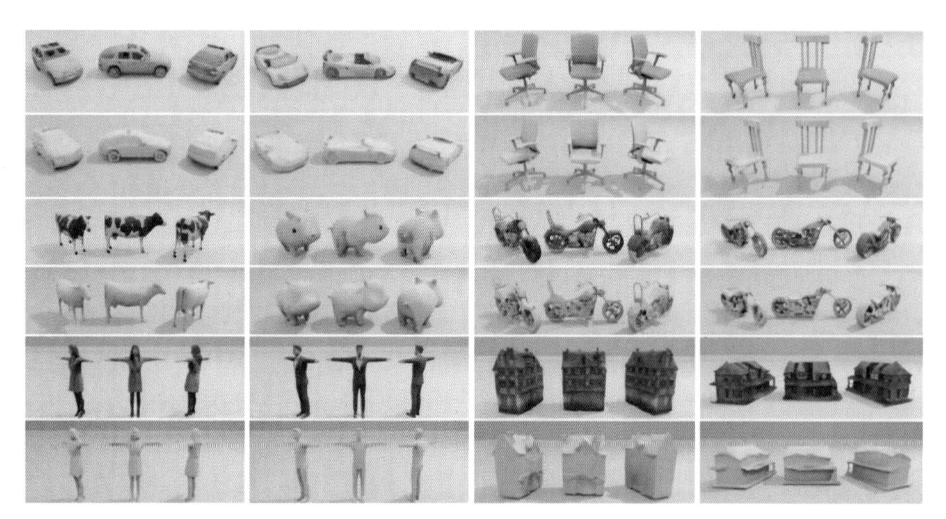

Figure 5: **Shapes generated by GET3D rendered in Blender.** GET3D generates high-quality shapes with diverse texture, high-quality geometry, and complex topology. Zoom-in for details.

图 3-11 GET3D 三维重建解决方案

图 3-12 《黑神话：悟空》中存在大量数字雕塑

"a DSLR photo of a peacock on a surfboard"

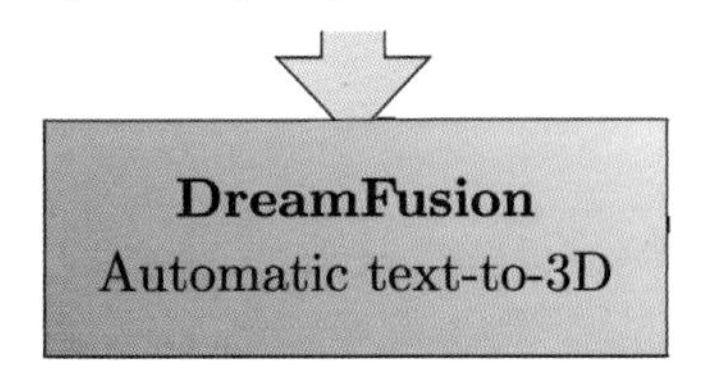

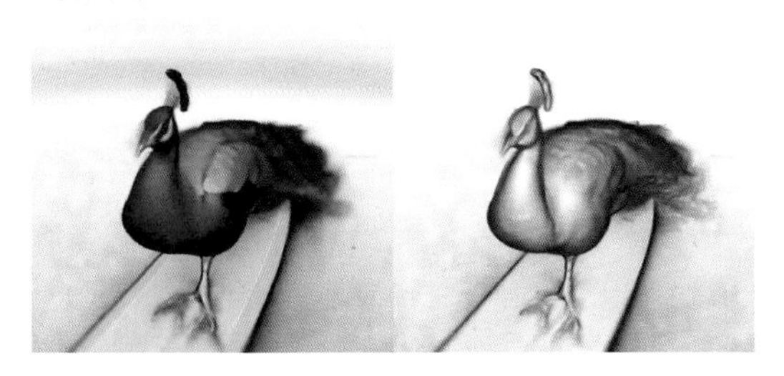

图 3-13 DreamFusion

型的生成方式。Luma AI 则是 NeRF 生成领域的集大成者——不但上线了文生 3D、视频生 3D、网页版全体积 NeRF 渲染器，还推出了将 NeRF 导入虚幻引擎 5（EPIC 公司于 2020 年公布的第五代游戏引擎）中显示的代码插件，使游戏开发者也可以使用 NeRF 进行游戏创作。

在三维模型生成中，数字人是一个不容忽视的特殊领域。区别于视频驱动的虚拟人，3D 数字人拥有一个从骨骼或以 BlendShape 驱动的三维模型，可以从多个角度高保真地模拟真人进行表演，现如今被大量应用在游戏和影视工业化管线中。除了 EPIC 提供的 MetaHuman 解决方案，网易伏羲实验室提供的智能捏脸技术（应用于游戏《永劫无间》，如图 3-14 所示）从图生 3D 头模提供了跨模态实现思路。而在二次元模型生成中，脱胎于字节跳动 A-SOUL 团队的 PAniC-3D（图 3-15）则提供了一种较为完备的 Vroid 模型生成方案。

而驱动数字人的关键在于口型和动作的生成，相关领域已有多年的研究积累。口型生成方面，目前有两条较为成熟的技术路线：Audio2face（语音生成口型，如图 3-16 所示）、Text2face（文本生成口型）。在动作生成方面，区别于传统的光学动作捕捉（如 Vicon）和惯性动作捕捉（如 MySwing），从

图 3-14　图生 3D 头模

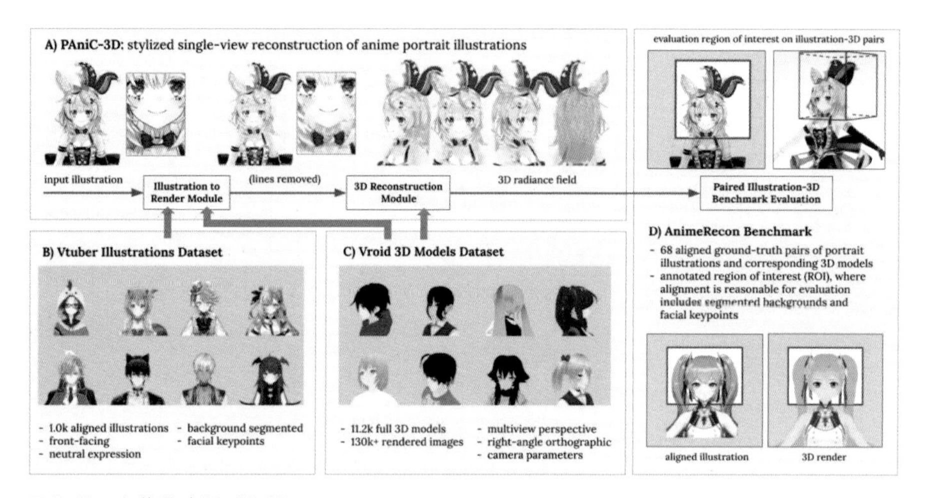

图 3-15　字节跳动 PAniC-3D

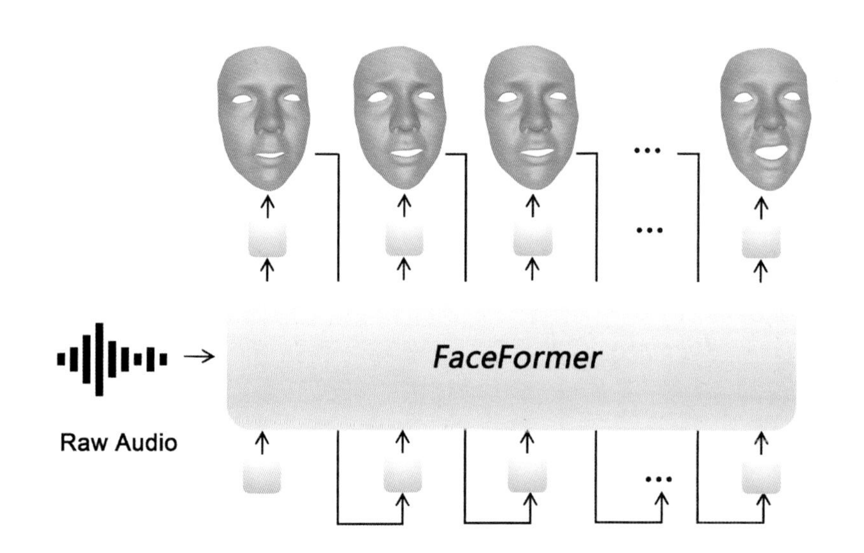

图 3-16　FaceFormer 语音驱动的 3D 人脸动画生成

视频生成动作随着人体姿态估计技术的越发成熟，结合其相对低廉的成本，也开始受到一部分游戏厂商的青睐，占有一席之地，如国内公司青色木偶的 CYANPUPPETS 2D 引擎、海外公司的 Move AI（曾服务于艺电公司）等。

动作生成的另一条路径是使用对抗模仿学习、无监督强化学习等方法，让拥有人形 Pawn 的角色从大量非结构化（不需要任何特定的标注或分段）的动作数据中试错，使角色能够自动合成复杂且自然的动作“策略”，以达成任务目标。一个具有代表性的案例就是加利福尼亚大学伯克利分校、多伦多大学与 NVIDIA 合作的 ASE（Adversarial Skill Embeddings，对抗性技能嵌入，图 3-17）。

在更大的比例尺下，场景生成和自动化布景 / 关卡设计填补了三维内容生成要素中的最后一环。与 3D 模型生成相似，场景生成也存在与传统 Landscape 生成和 NeRF 生成两条技术路线的差异。

在传统 Landscape 生成方面，多见由 AI 生成颜色图像继而生成深度图，导入游戏引擎生成 Landscape 的方法，其中从 Blockade Labs 生成全景图（图 3-18），继而转化为可交互 3D 场景（基于颜色和深度曲面细分的天空盒）的方法令人眼前一亮。

在 NeRF 生成方面，NVIDIA 和多伦多大学共同推出的 NeuralField-LDM，使用神经辐射

图 3-17 ASE 在物理模拟角色的大规模重复利用

图 3-18 Blockade Labs 生成全景图

场和生成模型，提供了复杂开放世界 3D 场景的建模和编辑能力。此外，随着 LLM（Large Language Model，大型语言模型）的兴起，在自动化布景和关卡设计中我们越来越多地见到使用 LLM 进行游戏关卡元素生成的案例，比较典型的有 Spline AI、Yahaha Studio 提供的 Text2Game 能力（图 3-19）、MarioGPT 及 Unity 官方正在研发的 Unity AI。与此同时，使用传统方法（如 GAN）进行生成的解决方案仍占有一席之地，如艺电公司的自动化关卡生成案例、腾讯的 AI Enhanced Procedural City Generation 等。

图 3-19　Yahaha Studio 自然语言生成场景

3.3　AI 在创意评估中的应用

AI 在创意评估中有多种应用，包括自然语言处理、图像识别、音频处理、生成对抗网络、模式识别和聚类、推荐系统、情感分析、数据挖掘和趋势分析、交互式创意辅助及自动化创意生成等。虽然 AI 可以提供帮助，但是创意具有主观性和情感要素，需要人类参与，因此 AI 更适合辅助人类进行创意评估，而非完全取代人类的判断。

3.3.1　基于 AI 的创意评分

基于 AI 的创意评分是利用 AI 技术对创意进行评估和打分的过程，包括数据准备、模型训练、创意评分、结果解释和反馈优化等步骤。它可以在创意生成和决策等领域为人们提供客观、高效的评价方法，辅助筛选、评估和优化创意。

AI 在创造性工作中可能具备更多潜力。从传统角度来看，人们对于创造性有一种神化的认知，认为它是一种天赋或神秘的能力。然而，从游戏开发的角度来看，通过技术手段让计算机进行过程生成，可以替代部分设计师的工作。因此，AI 在某些领域可能具备创造性的能力，图 3-20 是用 AI 设计的宇宙飞船。

创造性工作如游戏设计、美术设计和音乐创作确实是充满创意的。然而，有时候这些工作可以通过简单的程序实现，并没有涉及传统意义上的 AI 技术。这表明创造性可能仅仅是一种随机过程的结果，而并非我们想象中那样神圣和不可替代。

如何评价结果的好坏？要解决这个问题可以考虑用对比学习（Contrastive Learning）的方法，人们可以使用样本库数据训练一个美学评估模型，该模型可以对输入的每张图片都给出一个评分，用以判定结果的好坏，如果结合相关研究，人们还有可能在二维的图像美学空间，对图像的美学风格作出定量的描述，进一步增强设计结果的可解释性（图 3-21）。

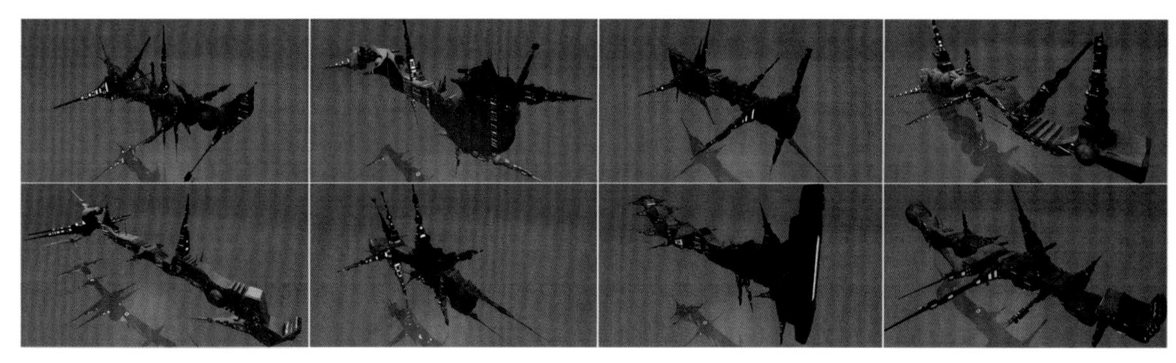

图 3-20　AI 设计的宇宙飞船

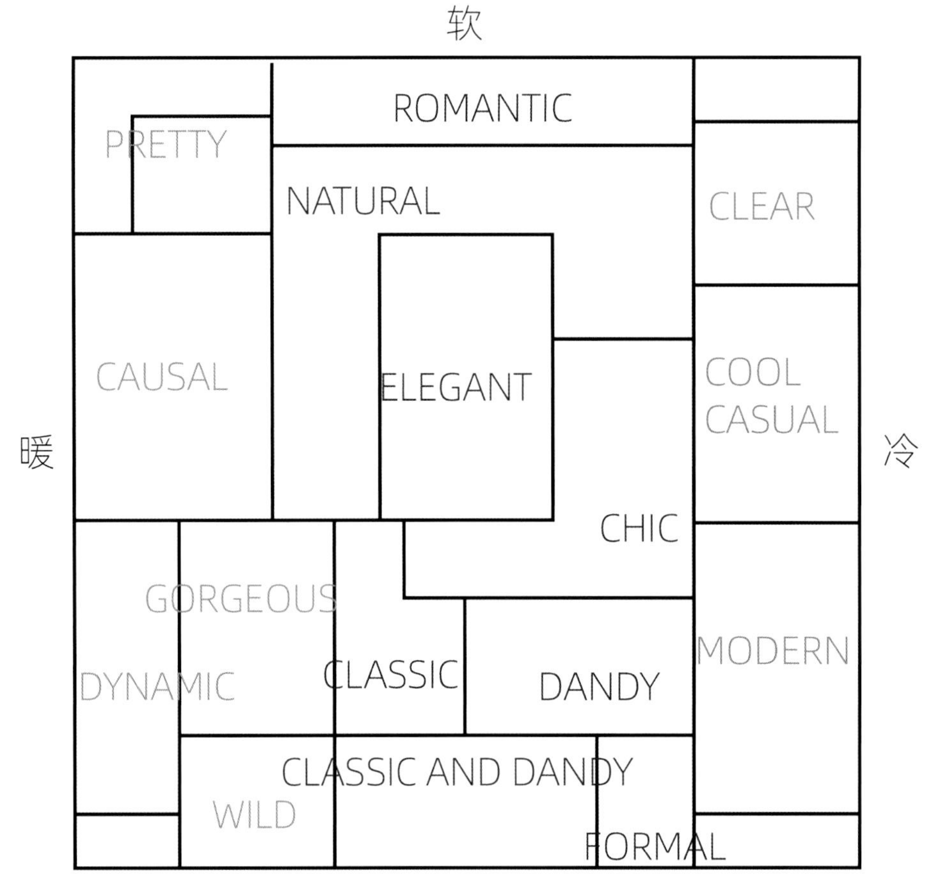

图 3-21 对图像的美学风格的定量描述

3.3.2 基于 AI 的原型测试

基于 AI 的原型测试是指利用 AI 技术来辅助或自动化原型测试过程。原型测试通常用于验证产品或服务的功能、用户体验和性能等方面，以便在产品或服务正式推出之前发现和修复问题。

例如，如何使用 AI 技术改进面试机器人？人们在调研市场上的聊天机器人后，提出了基于规则和数据驱动的混合框架，即选择基于规则的 Juji Chatbot 平台，对其进行扩展，通过 AI 技术来预测用户的意图。具体操作是先设定一个基本的面试规则，然后针对特定面试主题预先训练模型，使用这个规则初始化一个聊天机器人，最后接入模型，通过规则和模型响应用户输入的内容。在用户使用过程中，面试机器人会不断学习改进模型，渐进式提高自己。

如图 3-22 所示，面试机器人使用预先设计好的规则进行初始化，然后被接入 AI 能力，通过训练好的模型响应用户输入的内容。这赋予面试机器人积极聆听的技能，可以让它与用户产生“情感共鸣”，更好地响应用户需求，提高面试效率，优化用户体验。

原型介绍

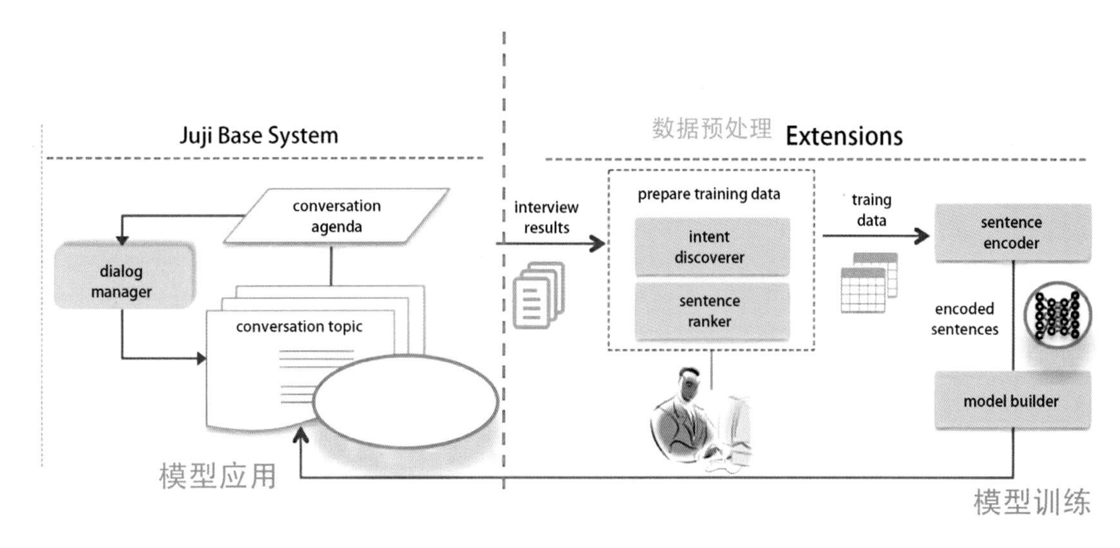

图 3-22　聊天机器人原型的系统概述

【国内多个人工智能语言大模型共同完成的短片】

3.3.3　基于 AI 的创意设计：为全面建设社会主义现代化国家注入动力

坚持高举中国特色社会主义伟大旗帜，是全面建设社会主义现代化国家的庄严使命。在这一伟大的历史使命下，基于 AI 的创意设计正展现出强大的推动力量。我们要坚持以推动高质量发展为主题，把实施扩大内需战略同深化供给侧结构性改革有机结合起来，增强国内大循环内生动力和可靠性，提升国际循环质量和水平，加快建设现代化经济体系，着力提高全要素生产率，着力提升产业链供应链韧性和安全水平，着力推进城乡融合和区域协调发展，推动经济实现质的有效提升和量的合理增长。

AI 技术的快速发展为创意设计带来了前所未有的可能性。它不仅可以处理海量数据，挖掘用户需求和市场趋势，还能通过智能算法提供灵感和创意的引导。AI 辅助的创意设计不仅能够提高设计效率和质量，还能促进文化创新和产业升级，为实现社会主义现代化国家的目标提供强有力的支撑。因此，我们需要不断探索 AI 技术与创意设计的结合，为推动社会主义现代化国家的建设贡献力量。

单元训练

1. AI 在创意设计中的角色是合作者还是工具？
2. AI 如何推动跨领域的创意设计创新？
3. 如何平衡机器智能与人类创意的融合，实现更好的创意设计？
4. 基于 AI 的创意设计是如何实现的？

第四章 基于 AI 的工程分析

本章要求

本章旨在让学生初步了解工程分析的相关概念及主要步骤，以及一些重要的工程分析方法，了解 AI 可以如何辅助工程分析。

学习目标

本章的目标是让学生对工程分析的步骤及方法有更深入的理解，对不同方面的分析方法有更系统的认识，并且更加全面地了解 AI 可以从哪些方面、运用哪些技术对工程分析进行辅助。

4.1 工程分析的基本概念

工程分析是指通过对工程项目、工艺过程或系统的技术参数、经济指标、安全要求等进行全面系统的研究和评价，以确定工程实施的可行性、合理性和优化方案。其基本内容包括可行性分析、经济性分析、质量分析、环境影响分析、安全分析、可靠性分析这几个方面（图 4-1）。

4.1.1 可行性分析

对工程项目或系统进行技术、经济、市场等多方面的综合分析，评估其是否具备实施条件和潜在风险，主要包括技术可行性、经济可行性、社会可行性。

4.1.2 经济性分析

通常涉及以下几个方面的内容：投资成本——计算工程项目的总体投资成本；经营成本——考虑项目运行期间的各种运营开销；收入与收益——预测项目可能的收入来源；时间价值——考虑资金时间价值，即将未来的现金流折算至当前价值；投资回报指标——使用一系列指标（如净现值、内部收益率、投资回收期等）来评估项目的经济回报水平和可行性。

4.1.3 质量分析

通过对材料、工艺、设计等方面的分析，

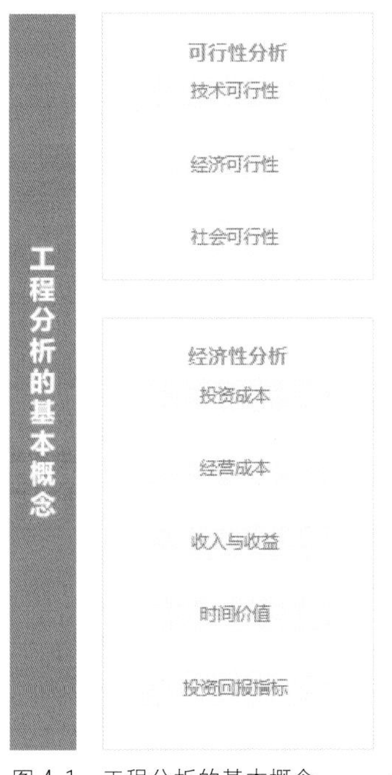

图 4-1 工程分析的基本概念

保证工程项目符合相关质量要求，并且确保从结构上满足使用寿命和安全操作的需要，主要包括材料分析、工艺分析、设计分析。

4.1.4　环境影响分析

评估工程项目对环境的影响，环境包括大气、水体、土壤、生态等方面，由此提出环境保护措施和可持续发展策略，主要包括环境影响评价、环境风险评估、生态修复评估、资源利用评估、社会影响评估。

4.1.5　安全分析

通过对工程项目可能出现的危险、事故和灾害进行评估，制定相应的防范措施和应急预案，确保工程施工、运营和使用的安全性，主要包括风险识别——对工程项目或过程进行全面的调研和分析，确定可能存在的各种风险和危险源；危险性评估——确定其严重程度和潜在的可能性；安全控制措施——根据风险评估结果，制定相应的安全控制措施，以预防、减轻或消除被识别出来的潜在风险；安全管理计划、监测和改进——制订详细的安全管理计划并定期监测和评估工程项目或过程的安全性，及时进行改进和优化，提高安全水平。

4.1.6　可靠性分析

通过对工程项目的各个部件、系统的使用寿命、失效模式和故障率等进行评估，确保工程系统可靠运行，降低故障风险。在工程分析中进行可靠性分析的一般步骤是：确定系统；确定故障模式；收集数据；建立可靠性模型；进行分析；识别关键组件；制定改进措施；验证和监控。图 4-2 为某可靠性分析软件的界面。

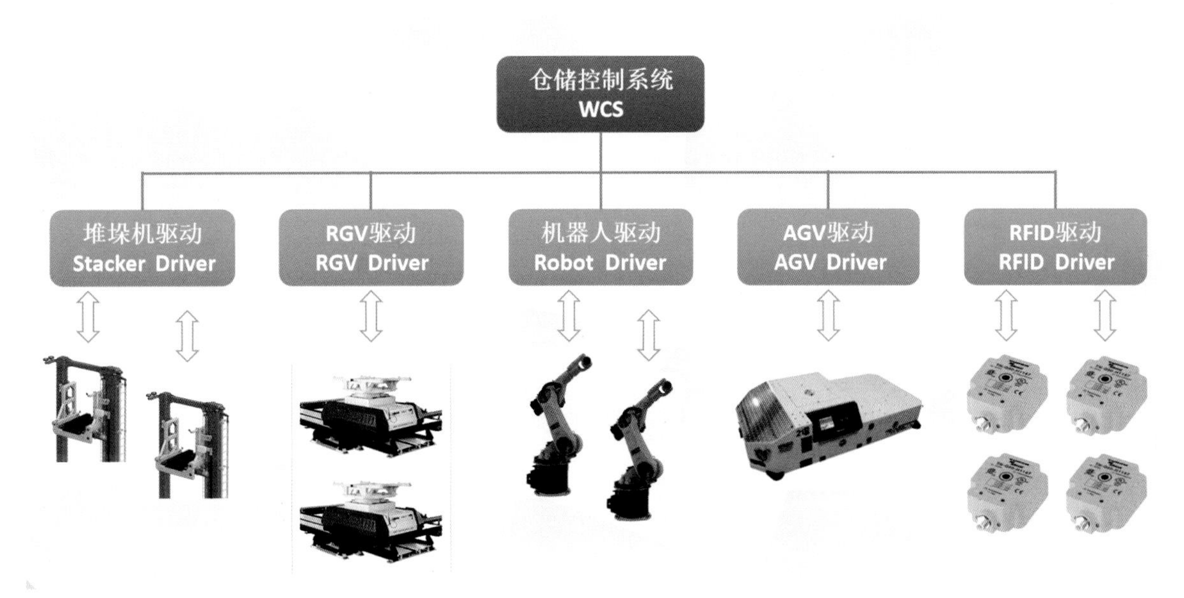

图 4-2　某可靠性分析软件界面

4.2 AI 在工程分析中的应用

【工业领域的机理仿真模型 +AI 数据分析模型分享】

AI 在工程分析中有许多应用，主要包括数据分析和预测、图像识别和处理、模拟和仿真、自动化和优化、智能辅助决策（图 4-3）。

4.2.1 数据分析和预测

AI 可以处理和分析大量的工程数据，并从中提取有用的信息。AI 的数据分析和预测主要是基于机器学习算法和统计学原理。它可以用机器学习算法来进行数据挖掘、模式识别和趋势预测，从而帮助工程师更好地理解和预测系统性能、故障概率、设备寿命等。

下面是用 AI 进行数据分析和预测的一般步骤：首先，进行数据收集与准备并对数据进行预处理，在这之前通常需要对原始数据实施特征工程，以提取有用的特征并创建新的特征；然后，根据数据的特点和问题的要求选择合适的模型，使用训练集对选定的模型进行训练；之后，使用验证集对训练好的模型进行评估，根据评估结果，调整模型的超参数，采用交叉验证等方法对模型进行优化；在完成模型训练和优化后，可以使用该模型进行数据预测；最后，对预测结果进行验证，与实际情况进行比较，根据验证结果，进一步优化模型，调整参数或重新选择合适的模型。

4.2.2 图像识别和处理

AI 技术可以用于图像识别和处理，如检测工程结构中的缺陷、分析材料的微观结构、监测设备运行状态等。通过使用计算机视觉和深度学习技术，AI 可以识别和分析复杂的工程图像，帮助工程师及时作出决策。AI 的图像识别和处理技术在工程分析中有着广泛的应用，如缺陷检测与质量控制、结构安全监测、图像测量与建模、环境监测与资源管理、环境安全和预警、工程可视化与沟通等。

AI在工程分析中的应用

数据分析和预测	图像识别和处理	模拟和仿真	自动化和优化	智能辅助决策
特征工程 ▼	缺陷检测与质量控制	数据收集和准备 ▼	自动化任务	数据分析和挖掘
数据收集与准备 ▼	结构安全监测	建立数学模型 ▼	智能决策支持	模型预测和优化
选择合适的模型 ▼	图像测量与建模	模型参数估计 ▼	检测缺陷和质量控制	多因素综合评估
模型训练 ▼	环境监测与资源管理	模型求解 ▼	故障诊断与维护	可视化与交互界面
模型评估与优化 ▼	环境安全和预警	精确度评估和验证 ▼	过程优化与调整	风险评估与决策支持
数据预测 ▼	工程可视化与沟通	结果分析和可视化	自适应控制与优化	
模型验证与优化				

图 4-3 AI 在工程分析中的应用

4.2.3 模拟和仿真

AI 可以在工程分析中应用模拟和仿真技术，如利用计算流体力学进行流体动力学模拟、使用有限元分析进行结构分析等。通过模拟和仿真，工程师可以更好地了解系统行为，优化设计方案，降低试错成本。AI 在工程分析中进行模拟和仿真的过程如下：先进行数据的收集和准备，包括工程结构的几何信息、材料特性、荷载和边界条件等；再根据工程问题的性质和要求，建立相应的数学模型，对数学模型中的参数进行估计或校准；然后利用数值计算方法，对建立的数学模型进行求解；最后根据模拟和仿真结果的需求，对精确度进行评估和验证，借助 AI 可以利用机器学习等方法对模型进行优化；同时，可以采用数据可视化技术，将模拟结果以图像、图表等形式展示出来，帮助工程师和决策者理解和使用结果。

4.2.4 自动化和优化

AI 可以自动化和优化工程过程。例如，人们利用 AI 来优化生产线的调度和资源分配，提高生产效率。另外，AI 还可以应用于供应链管理、物流规划、能源管理等领域，以实现资源的最优利用。图 4-4 为某智慧物流无人仓储系统。

图 4-4 某智慧物流无人仓储系统

AI 自动化和优化工程过程的方式包括：执行一系列重复、烦琐的自动化工程任务，从而实现工程过程的自动化；分析大量的数据并提供智能决策支持；用于自动检测工程产品或构件中的缺陷和质量问题；用于工程设备的故障诊断和维护；通过数据分析和建模来对工程过程进行优化和调整；用于工程系统的自适应控制和优化。

4.2.5 智能辅助决策

AI 可以为工程师提供智能辅助决策支持。通过分析大量的数据，AI 可以提供实时的建议和预测，帮助工程师作出更准确和可靠的决策，从而提高工程分析效率。AI 在工程分析中可以提供智能辅助决策的方式包括：数据分析和挖掘——AI 可以帮助工程师分析大量的数据，发现数据的模式、趋势和关联性；模型预测和优化——AI 可以构建预测模型来预测某个工程系统的性能、故障可能性或产量等，帮助工程师了解不同决策方案的潜在结果；多因素综合评估——AI 可以将各种指标和约束条件纳入考虑，通过建立多因素决策模型，对工程问题进行全面的评价和比较；可视化与交互界面——AI 可以通过交互式界面和可视化工具，将工程分析结果以图形、图表等形式直观展示；风险评估与决策支持——AI 可以帮助工程师对潜在风险进行评估并提供决策建议。图 4-5 为某智慧消防辅助决策系统的布局。

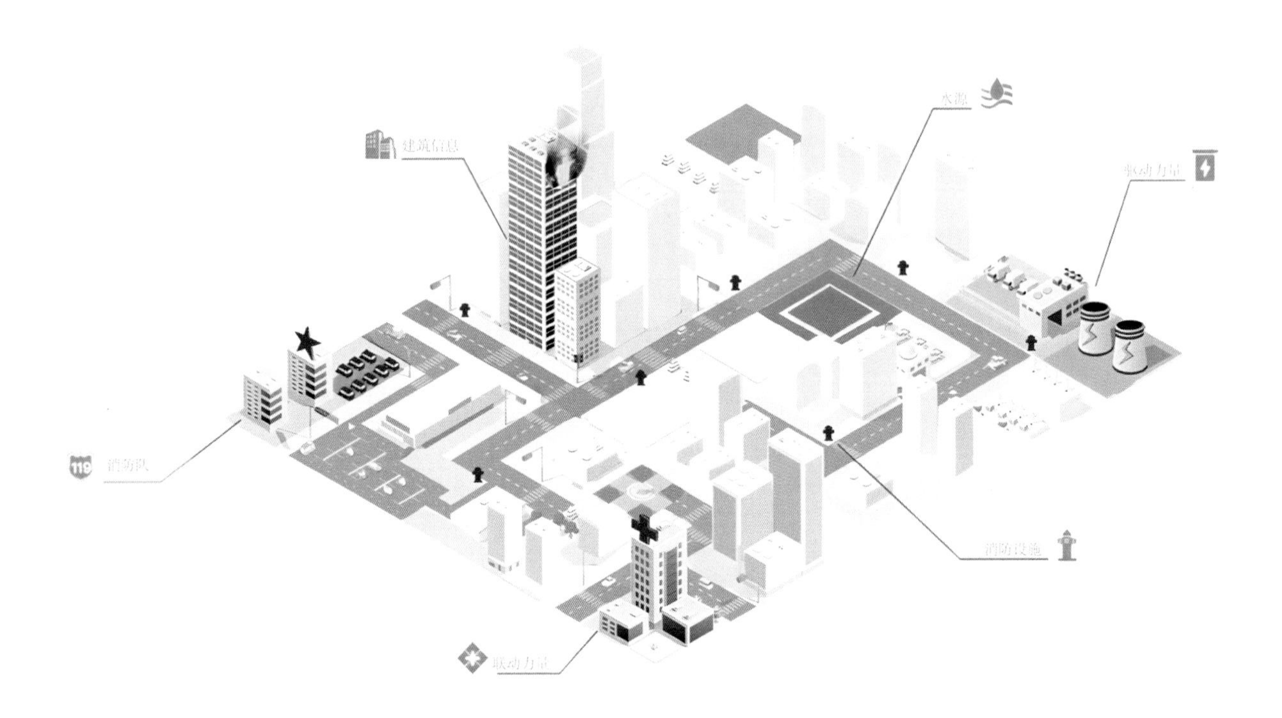

图 4-5　某智慧消防辅助决策系统的布局

单元训练

1. 工程分析主要可以从哪几个方面进行分析?

2. 工程分析中的可靠性分析的一般步骤有哪些?

3. AI 在工程分析中的应用领域主要有哪些?

4. AI 的图像识别和处理技术在工程分析中的具体应用有哪些?

第五章
AI 辅助设计与工程分析的整合

本章要求

本章旨在让学生了解产品设计和生产制造的主要流程及方法和AI 对产品设计和生产制造的辅助作用。

学习目标

本章的目标是让学生对产品设计的流程、外观设计、性能优化等方面有更深入的认知，对生产制造的整个过程有更系统的学习，并且初步掌握 AI 对产品设计和生产制造进行辅助的方法。

5.1 AI 在产品设计中的应用

5.1.1 基于 AI 的产品设计流程优化

产品设计的流程是一个复杂的过程，而 AI 可以通过不同的技术和方法对该流程起到不同程度的辅助作用。图 5-1 为产品设计的主要流程和 AI 辅助产品设计流程。

5.1.1.1 产品设计的主要流程

产品设计的主要流程包括以下 9 个方面。

（1）用户研究。在这个阶段，设计团队会了解目标用户的需求、喜好和行为，在用户研究中主要用到用户访谈、在线调查、语境调研、市场研究等方法。

（2）市场调研。在这个阶段，设计团队会对目标市场进行调查和分析，了解竞争对手的产品，评估市场的需求。

（3）概念设计。在这个阶段，设计团队会根据之前的研究和调研结果，产生新的概念和初步的设计方案。他们可能会进行“头脑风暴”、草图绘制、故事板等活动，以探索各种可能的设计解决方案。

（4）详细设计。在这个阶段，设计团队会通过明确产品的功能、性能、外观和用户体验等，确定设计规格；再绘制草图和故事

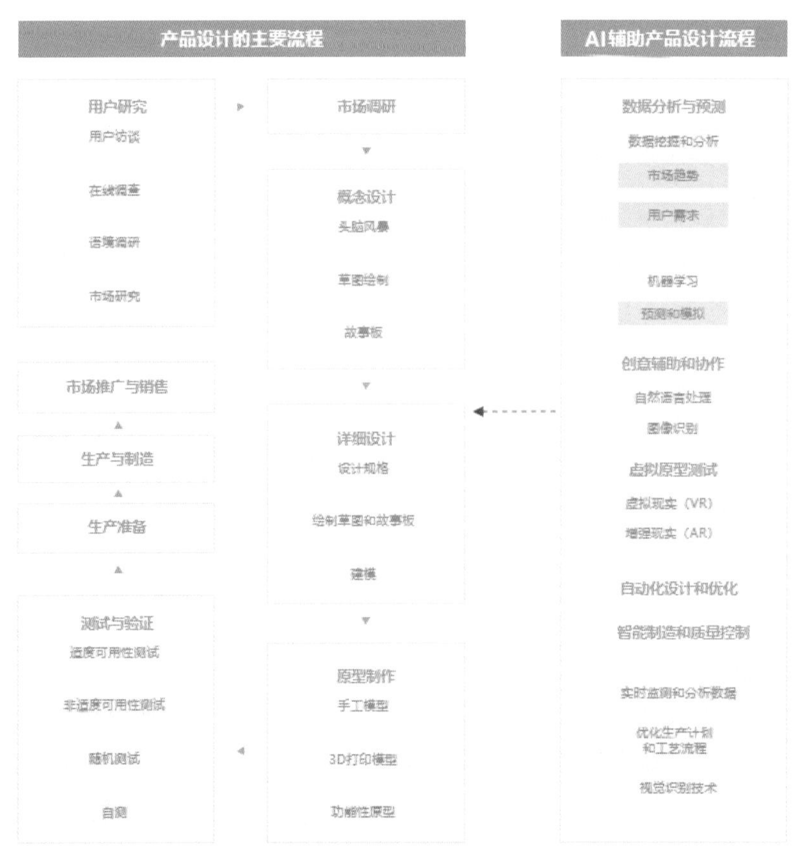

图 5-1 产品设计的主要流程和 AI 辅助产品设计流程

板；最后使用计算机辅助设计软件创建三维模型。

(5) 原型制作。在这个阶段，设计团队会制作产品的原型。原型可以是简单的手工模型、3D 打印模型或功能性原型。

(6) 测试与验证。可用性测试是设计过程的重要组成部分，包括适度可用性测试、非适度可用性测试、随机测试和自测，使我们在产品交付前就能从用户那里获得反馈。

(7) 生产准备。一旦设计得到验证并完善，设计团队将开始准备产品的生产。这包括选择合适的供应商、材料采购、生产工艺规划等工作。

(8) 生产与制造。

(9) 市场推广与销售。

5.1.1.2　AI 辅助产品设计流程

AI 对产品设计流程的辅助包括以下 5 个方面。

(1) 数据分析与预测。AI 可以处理大量的市场和用户数据，通过对数据进行挖掘和分析，揭示市场趋势、用户需求。同时，AI 还可以通过机器学习算法进行预测和模拟，帮助设计团队作出更准确的决策。

(2) 创意辅助和协作。AI 可以通过自然语言处理和图像识别等技术，为设计团队提供创意辅助和灵感。它能够根据用户输入的关键词或图片生成相关的设计建议，帮助设计团队更快速地探索和展开创意。此外，AI 还可以促进团队协作，支持多人在线协作和实时反馈。

(3) 虚拟原型测试。AI 可以利用虚拟现实（Virtual Reality，VR）和增强现实（Augmented Reality，AR）技术创建虚拟原型并模拟用户体验。设计团队可以使用虚拟原型来评估产品的外观和功能，快速发现问题并进行改进，从而节约因制作实体原型而耗费的时间和成本。图 5-2 为某品牌的 VR 全景看车界面。

(4) 自动化设计和优化。AI 可以通过训练模型学习大量的设计案例和规则，自动生成设计方案并进行优化。例如，在建筑设计中，

图 5-2　某品牌 VR 全景看车界面

AI 可以根据给定的需求、建筑限制和材料特性，生成多个设计方案，并且对其进行评估和改进，以帮助设计团队更好地满足用户需求和提升设计效果。

(5) 智能制造和质量控制。AI 在生产环节可以发挥重要作用，它可以在生产过程中实时监测和分析数据、优化生产计划和工艺流程，提高生产效率并增强质量稳定性。此外，AI 还可以通过视觉识别技术进行产品检测和质量控制，增强产品的一致性和可靠性。

5.1.2 基于 AI 的产品外观设计

AI 可以基于产品设计的要素和原则发挥相应的辅助设计作用。图 5-3 为 AI 辅助与产品外观设计的关系。

5.1.2.1 产品外观设计的要素和原则

产品外观设计是指通过形状、颜色、纹理、材质等方面来塑造产品的视觉形象和美感，使产品在外观上具有吸引力、易于辨识且与品牌形象相匹配。产品外观设计的要素和原则包括以下 8 个方面。

(1) 目标用户。产品外观设计应针对目标用户进行定位。

(2) 品牌形象。产品外观设计应与品牌形象一致。

(3) 简约性。简洁的设计能够凸显产品的主要特点和功能。

(4) 比例和结构。产品外观设计应具有合理的比例和结构。

(5) 色彩和材质。合适的色彩和材质可以塑造出不同的产品氛围和风格。

(6) 创新和差异化。产品外观设计应通过独特的设计元素、新颖的创意和与众不同的外观，实现差异化。

(7) 持续性。产品外观设计要考虑产品的持续性。

(8) 用户体验。产品外观设计应考虑用户的整体使用体验，从易于操作、清晰的界面布局到人性化的交互元素。

5.1.2.2 AI 辅助产品外观设计

AI 辅助产品外观设计包括以下 5 个方面。

(1) 可视化设计工具。AI 可以提供强大的丰富的素材库、模板库和预设样式，帮助生成多个设计方案。

(2) 快速原型制作。AI 可以通过图像和几何

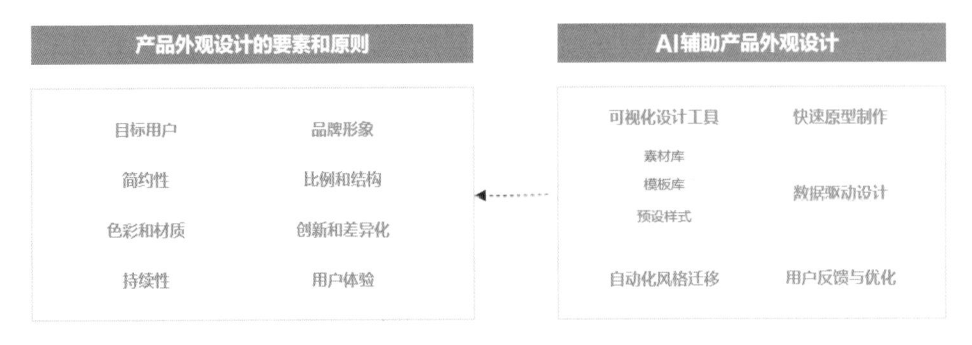

图 5-3 AI 辅助与产品外观设计的关系

处理技术，将 2D 设计转换为 3D 模型。

(3) 数据驱动设计。AI 可以分析市场趋势和用户画像，提供关于产品外观设计的洞察和建议。

(4) 自动化风格迁移。AI 可以利用深度学习算法进行自动化风格迁移（图 5-4）。

(5) 用户反馈与优化。AI 可以通过图像识别和情感分析技术，分析用户对不同设计方案的反馈和评价。

5.1.3　基于 AI 的产品性能优化

AI 可以基于产品性能优化的基本要素发挥相应的辅助设计作用。图 5-5 为产品的性能优化和 AI 辅助产品性能优化。

5.1.3.1　产品的性能优化

产品的性能优化可以总结成“一个前提、两个评估、两个方向、四个重点”。“一个前提”指的是全面收集、分析产品数据并明确产品优化目标。“两个评估”指的是有限评估和优化产品核心功能需求及对产品生命周期的评估，产品生命周期主要包括培育、成长、稳定和衰退四个阶段。“两个方向”指的是对已实现功能需求的优化和实现新添产品需求，“四个重点”指的是对业务流程、交互设计、信息体验、商业指标进行调整甚至重新设计。

图 5-4　图片风格迁移的过程

产品的性能优化

一个前提
全面收集，分析产品数据
明确产品优化目标

两个评估
产品核心功能需求
产品生命周期

两个方向
已实现功能需求的优化
实现新添产品需求

四个重点
业务流程
交互设计
信息体验
商业指标

AI辅助产品性能优化

数据分析与预测
自适应优化
异常检测与故障预测
自动化测试与调优
节能与优化资源利用
自动化故障修复

图 5-5　产品的性能优化和 AI 辅助产品性能优化

5.1.3.2 AI 辅助产品性能优化

AI 辅助产品性能优化有以下 6 个方面。

(1) 数据分析和预测。AI 通过数据分析和模式识别，可预测和评估产品性能。AI 可以基于分析历史和实时数据，帮助发现潜在的问题并提供改进建议。

(2) 自适应优化。AI 通过学习和自适应算法，可自动调整产品参数和配置使产品获取最佳性能。

(3) 异常检测与故障预测。AI 可以监控产品运行状态，使用机器学习算法检测异常行为和故障风险。

(4) 自动化测试与调优。AI 可以模拟大规模用户行为、系统负载和压力场景，评估不同工作负载下产品的性能和稳定性。AI 还可以优化算法、数据处理流程和资源分配策略，提升整体性能。

(5) 节能与优化资源利用。AI 可以通过智能管理和调度，提高产品的资源利用效率，减少能源消耗。

(6) 自动化故障修复。AI 可以基于故障模式和历史数据，自动识别和定位故障，并且提供修复措施。

5.2 AI 在生产制造中的应用

【AI 和机理仿真该如何落地在实际项目上】

5.2.1 基于 AI 的生产制造设计

5.2.1.1 数字化设计软件集成 AI 模块实现高效模拟仿真研发

AI 集成的仿真设计系统能缩短研发周期。未来工厂将创建数字虚拟模型来映射物体行为。数字孪生生产系统可整合制造流程，增强产品可靠性并提高其制造效率。基于数字孪生技术的设计仿真可以削弱不确定性并降低成本，避免重复测试并提高质量，减少产品开发时间。

数字孪生与 AI 结合，可提高设计研发效率。数字孪生中的数据支持 AI 决策，而 AI 模型结果可在数字孪生模型中验证和优化，增强可靠性。AI 技术可以帮助非专业人员进行仿真参数优化，从集成 AI 模块到设计软件，实现高效模拟分析，以低成本进行大量验证和模拟，缩短研发周期。

5.2.1.2 集成 AI 模块的仿真软件应用实例

案例 1：波音公司——数字化研发减少原型机损耗

波音公司与达索系统合作，在数字样机项目中利用模拟气流测试飞机起飞条件，包括机翼压强和发动机推力等。这项技术缩短了波音 787 客机的开发周期，提高了客机质量，并且避免了物理原型机的大量损耗。相较于传统的高耗能实验环境（如大型风洞），采用 AI 技术可显著减少研发测试所需能耗，从而减少碳排放并节约 50% 的开发成本。

案例 2：劳斯莱斯——“研发流程 + 研发成果”双重降能耗

劳斯莱斯采用数字孪生风扇叶片制造超级喷气发动机（图 5-6），验证其在不同场景下的功能、安全性和质量，避免了多个原型的重复开发。根据预测，使用数字孪生技术进行航空发动机研发可缩短 15% ～ 20% 的周期，节约 27% 的成本。此外，劳斯莱斯采用数字孪生技术制造的发动机提高了 25% 的燃油效率，实现了碳排放的减少。

图 5-6 劳斯莱斯超级喷气发动机

案例 3：蔚来汽车——全球研发平台提高跨地区协作效率

蔚来汽车把达索系统 3DEXPERIENCE 作为全球研发平台，实现了中国、德国和美国工程师的协作开发，使其能随时快速访问完整的车辆数据。通过仿真与协作，研发人员可以迅速进行产品设计迭代。数字化全球研发平台简化了开发流程，缩短了研发周期，提高了效率。蔚来汽车的 ES8 电动七座 SUV（Sport/Suburban Utility Vehicle，运动型 / 城郊多功能汽车）从概念设计到发布仅用了 3 年，远远小于传统厂商 4～5 年的周期。这不仅大大减少了设计人员的差旅次数，降低了样机的运输成本，还有助于减少新能源工业品的碳排放量，实现从设计制造到终端使用全生命周期的碳排放减少。

5.2.2 基于 AI 的生产制造的优化

5.2.2.1 智能制造两大新功能

智能制造利用大数据信息处理和机器视觉等技术，提高了生产效率。大数据信息处理技术将工业生产中的海量数据与工业云平台连接，通过分布式架构进行数据挖掘，提取出有效的生产改进信息，应用于预测性维护等领域。机器视觉技术则模拟人的视觉，把处理和理解提取的信息，应用于零部件尺寸测量、定位和工序间自动化等微加工生产流程中，确保生产精度。

5.2.2.2 基于 AI 的生产优化的应用实例

案例 1：上下料机器人——精准物料产品传输

上下料机器人用于自动上下料，在工序之间替代工人。它可以缩短加工时间、降低人力成本、提高产品质量。通过机器视觉技术，上下料机器人实现闭环控制，监测物料位置和环境并进行精准调整，确保物料传递准确。机器视觉技术还可以辅助物料交接，检测加工位置变化和加工件尺寸，提高加工精度。图 5-7 是上下料机器人在数控机床车间的应用。

图 5-7 上下料机器人在数控机床车间的应用

案例 2：协作式机器人——柔性高效人机协作

协作式机器人是专为与人类在共同工作空间中近距离互动而设计的。它通过感应和理解人的动作和行为，使用传感器、机器视觉和伺服电机等技术来保证人的安全。协作式机器人具备灵活运动性，同时具备高级功能，如语音控制等。图 5-8 为某款协作式机器人。

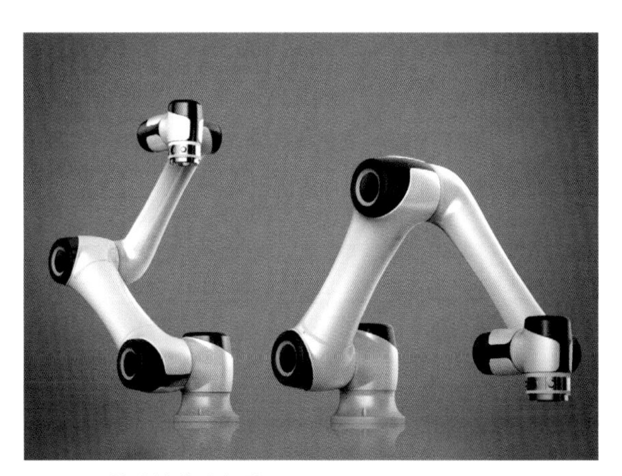

图 5-8 某款协作式机器人

案例 3：仓储机器人——柔性物料产品传输

传统生产线布线固定，生产流程固定，再布线成本高，无法灵活柔性生产。仓储机器人则有效解决了这个问题，以 AGV 与 AIV 为例。

AGV 是 “Automated Guided Vehicle” 的缩写，即自动导引运输车，实现了产品在不同流程、产线、区域和部门之间的灵活运输，促进了生产流程的柔性化。它利用机器视觉技术来判断行进路线、物料位置和周围环境等重要信息。AIV 是 “Automated Intelligence Vehicle” 的缩写，即自动智能运输车，是 AGV 的升级产品。其最大进步之处在于可以根据地图、起始地、目标地及环境情况自动生成行进路径，以避开人员、轨道和其他运动物体。与AGV不同，AIV无须电磁引导布线，更加灵活。同时，AIV可形成团队模式，带领车队进行跨区域运输，实现智能化的团队运输。图5-9为自动智能运输车的应用场景。

图5-9 自动智能运输车的应用场景

5.2.3 基于AI的生产制造的智能检测

5.2.3.1 "AI+机器视觉"助力智能检测

传统的检测环节通常由人完成，存在检测效率低、识别错误率相对较高等问题，传统的机器视觉方案在碎片化的工业生产中仍面临定制化成本高、周期长、参数标定复杂导致使用不方便等问题。而AI借助图像处理技术进行识别，利用训练出的模型进行质量检测，降低人力成本的同时提高精准度，助力制造业实现降本增效。一般认为，"AI+机器视觉"的检测方案有良好的延展性以及统一的标准，并且能够降低人力成本、提高检测效率，同时普通用户能对AI工业质检平台进行个性化操作，保证其使用的便捷性。

5.2.3.2 基于AI的智能检测的应用实例

案例1：自动光学检测（AOI）——自动产品质量检测

AOI是"Automated Optical Inspection"的缩写，即自动光学检测，相较于人工检测，效率更高，可靠性更强。它不会疲劳，稳定且不影响生产效率。对于小件元器件，AOI具有高精度、信息全面、可追溯等特点，能及时发现问题。随着技术的发展，AOI性能将更强大。人们利用AOI方案，可提高速度、降低成本，减少碳排放。

AOI的应用场景有两种。一种是印刷电路板(Printed Circuit Board，PCB)自动检测代替人工检测（图5-10）。随着电子元件尺寸的减小，PCB上的元件数量越来越多，手动显微镜检测变得低效且错误率高。在表面贴片生产流程中，AOI检测已经取代人工检测，成为必不可少的工序。另一种是利用X线实时检测元器件内部结构。自动X线检测机主要用于封塑后的电子元件的内部结构检测（图5-11）。

图5-10 PCB自动检测机

案例2：智能巡检机器人——高效率、高频次、高准确率

传统巡检人员工作内容烦琐、工作量大、响

应慢。智能巡检机器人（图 5-12）感知灵敏，利用多种传感器采集图像、声音、温度等数据，并且通过 AI 算法作出决策；24 小时不间断巡检，实时反应，自主导航；可实现高频次、大范围、无死角的智能巡检，提高准确率和效率。

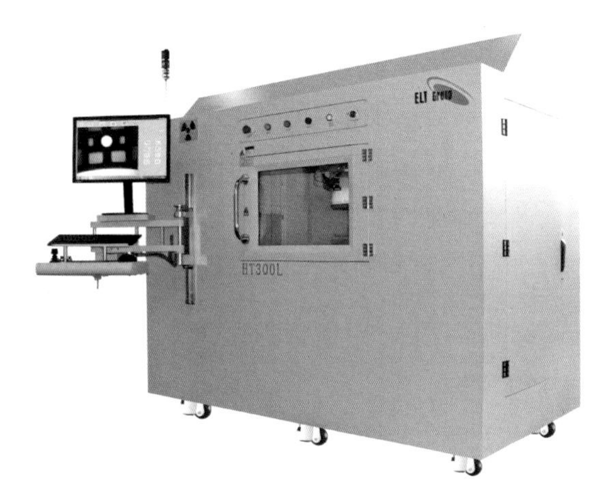

图 5-11　自动 X 线检测机

图 5-12　智能巡检机器人

5.2.4　基于 AI 的生产制造的工程维护

5.2.4.1　“AI+ 工业大数据”智能预测设备异常

工程维护包括预测性维护设备、物料和环境，预测设备剩余寿命、物料良率等指标。该系统能够提前预测昂贵维修或重大故障，并且在设备损坏前采取预防措施。服务部门可快速响应，更换零件或提前维护，以降低企业生产成本。AI 是预测性维护的关键技术。随着工业大数据的完善及数据分析能力的不断提升，基于设备机理模型和产品数据挖掘，尤其是利用神经网络和机器学习算法建立分析模型，开展基于规则的故障预测、工艺参数优化、设备状态趋势预测等单点应用应运而生。

5.2.4.2　AI 在工程维护中的应用实例

精英数智科技股份有限公司（以下简称“精英数智”）与华为云推出“煤矿大脑”联合方案（图 5-13），运用 AI、物联网、大数据、云计算等技术，为煤炭行业预警与应急响应提供方案。煤矿管理人员可以通过 AI 视频识别技术识别运输皮带是否启停、撕裂、断带、跑偏，运输皮带上是否有异物，从而减少皮带的损耗、防止其空转，进而促进煤矿的安全运行和整体效率的提高。山西众多煤矿企业引入“煤矿大脑”后实现了降本增效：AI 分析算法从云端下发矿点数据，实时风险预警，识别率达 98%；集中监管分矿点 IT 基础设施，运维成本降低 65%，有效地减少因生产事故而引发的一系列资源消耗与碳排放。

5.2.5　AI 推动生产制造智能化

党的二十大报告强调，“推动战略性新兴产业融合集群发展，构建新一代信息技术、人工智能、生物技术、新能源、新材料、高端装备、绿色环保等一批新的增长引擎”。当前，AI 日益成为引领新一轮科技革命和产业变革的核心技术，在制造、金融、教育、医疗和交通等领域的应用场景不断落地，极大地改变了既有的生产生活方式。

我国拥有数以亿计的互联网用户，以及海量

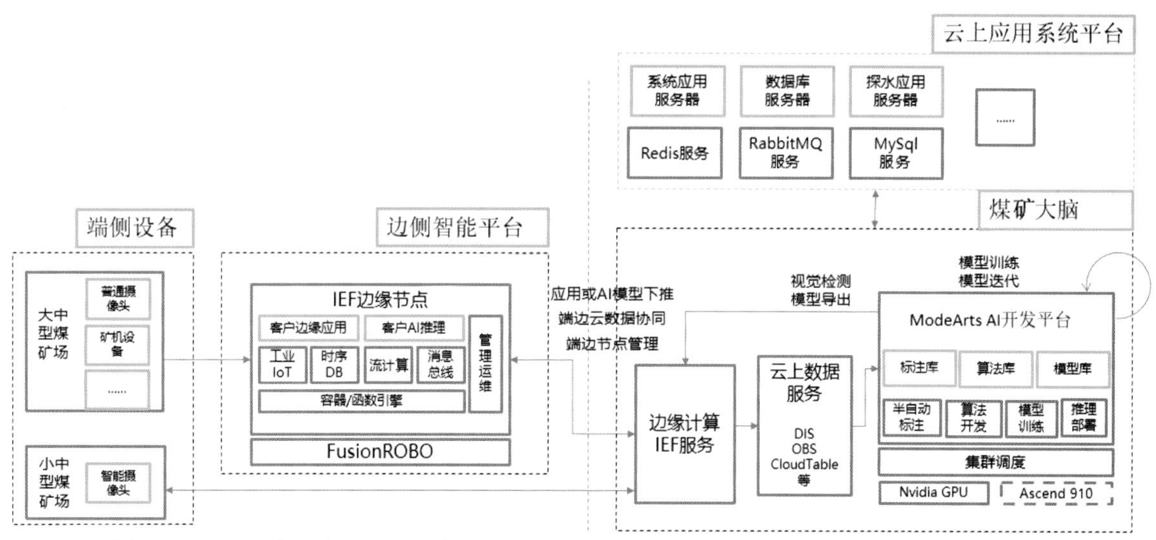

图 5-13　精英数智与华为云的“煤矿大脑”联合方案

大数据资源，这种大国经济特征为深化 AI 应用、加快产业智能化发展提供了丰富的数据支持和广阔的应用场景。我国门类齐全、体系完整和规模庞大的产业体系，更是为产业智能化向广度和深度发展奠定了坚实基础。展望未来，AI 技术将成为未来世界经济和高端制造的主导技术，在赋能方向、产业智能化应用场景、催生新产业、重塑产业链等方面推动产业智能化发展，对中国现代化产业体系建设发挥无可替代的作用。

当前，新一代科技革命和产业变革加速演进，加快发展智能制造，既有助于巩固壮大实体经济根基，也关乎我国未来制造业的全球地位。立足新发展阶段，我们只有保持战略定力、深入实施智能制造工程，才能为促进制造业高质量发展、构筑国际竞争新优势提供更有力的支撑。

单元训练

1. 产品设计的主要流程有哪些？
2. AI 对产品设计流程的辅助主要包括哪几个方面？
3. AI 主要从哪几个方面辅助生产制造？
4. AI 在辅助生产制造的过程中运用了哪些技术？

第六章
商业设计与 AI

本章要求

本章旨在让学生通过学习 AI 在商业领域的设计案例，掌握用 AI 进行市场预测与分析的基本原则和方法，了解 AI 技术对市场的影响，掌握行业发展趋势，为后续课程的学习和实践打下基础。

学习目标

本章的目标是让学生能够了解 AI 在商业领域的应用，掌握基于 AI 的市场预测与分析方法，对 AI 技术在市场预测与分析领域的应用有更清晰的认识，了解 AI 带来的商业机会，进一步思考其未来的发展趋势。

6.1 基于 AI 的市场预测与分析方法

【未来商业模式：属于我们这一代的机会】

随着 AI、大数据等技术的快速发展，市场调研领域正在发生深刻的变革。大量的数据信息在数据平台和专业人员的分析中被充分应用。新的深度学习技术成为市场需求预测的关键工具，为市场预测与分析提供智能决策支持。AI（包含大语言模型、自动化技术等）为数据采集、分析与呈现提供了新的思路与方法，新的数据采集渠道、分析模式、呈现形式不断涌现。由此，AI 在市场预测与分析领域的应用更加广泛。

当前，市场预测与分析主要是通过 AI 进行数据采集、数据分析、数据呈现。AI 可以细分市场，预测消费者的个性化喜好，实时部署有针对性的数字广告，或者为供应商提供最佳的促销和定价策略；它在收集数据、处理数据方面的独特优势，可以大幅度降低人工、时间等成本，提高数据的精度，从而在一定程度上替代传统的市场调研模式，对市场需求进行有效的分析。

6.1.1 数据收集

传统的市场调研主要依赖于观察法、实验法、问卷法等进行数据收集，但这些方法普遍存在时间长、成本高、调查质量容易受到多种因素影响等问题。AI 可以通过爬虫技术自动采集网络上公开的数据信息，并且根据这些数据预测未来的结果；或者，通过自然语言处理技术，分析文本数据并提取其中的信息。与传统的市场调研方式相比，这种方式既节约了调研成本，又有效保证了调研数据的真实性，缩短了调研周期。

例如，康沃思物联的“南通高铁西站”项目（图 6-1）利用 AI 管理系统对高铁站内的各

图 6-1　南通高铁西站内部

项环境参数进行精密测量，对建筑内各用能系统进行实时监测、记录；通过进行系统分析，搭建用能模型数据，集中进行实时监控、管理、检修、日常维护等，提高了建筑的管理效率，减少了人力、财力、物力的巨大浪费，促进城市不断向着现代化、智能化方向发展。

6.1.2 数据处理

随着信息化程度的不断提高，人们面临着越来越多的数据，这对数据的处理提出了更高的要求。为了探索海量信息之间的关系，我们需要更好地检索、归纳、分析这些数据，因此在数据处理的过程中，AI 技术成为不可缺少的一部分。

AI 在海量数据的处理上有着得天独厚的优势，能够迅速发现其中的规律和趋势，从数据中学习，发现数据的规律，并且将其应用到新的数据中进行预测或决策，已经在许多领域得到了关注。AI 处理数据的方法和技术，包括数据清洗、数据转换、数据归一化和数据集划分等。数据处理是 AI 在市场预测和分析中非常重要的一环，它可以增强数据的准确性、可靠性和可解释性。AI 可以从海量的数据中提取关键的信息，并且进行分析，从而更好地为公司的决策和规划作出正确的判断，增强决策的准确性；方便企业对信息数据进行比对，对细微的市场变化进行监控，提高企业对市场反应的敏感度，从而规避市场风险。

例如，郑州商品交易所与星环科技公司进行了深度合作，通过分析历史数据、历史案例来辅助风控调节（图 6-2），凭借 AI 在数据分析方面的独特优势，提前评估风控政策、风控措施对期货市场的潜在影响，辅助交易规则措施的制定，使政策更加审慎、合理、有效。

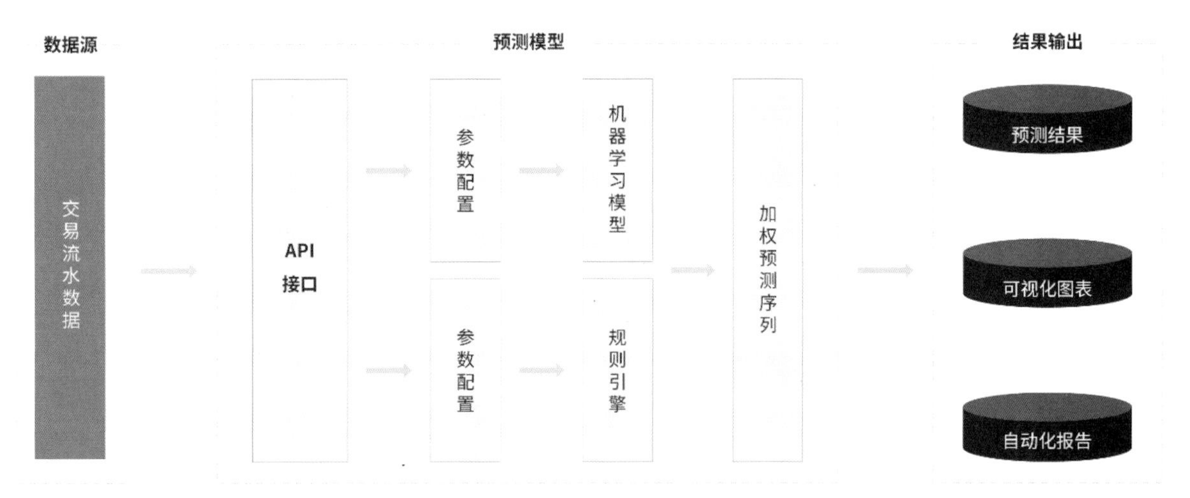

图 6-2 风控措施辅助决策系统架构

6.1.3 自动化报表

AI 可以通过导入数据，进行智能分析、处理、运算，并将处理结果生成可视化报表，帮助企业清晰、准确、快速地了解市场、用户、产品数据，为企业提供智能化的服务，及时作出决策。

AI 自动化报表能够快速准确地处理大量的数据。随着电商的发展，企业需要处理的数据不断增多，传统的人工录入，不能满足当今企业的高效运转。通过 AI 自动化报表，企业可以降低成本，提高工作效率，优化组织结构，激发创造力。

AI 自动化报表在数据呈现方面更加规整明确，可以减少错误、重复、空缺等情况；通过对采集到的数据进行可视化处理，可以更直观地将大量数据中隐含的结构、规律和分布情况以图形图像的形式呈现出来，有助于企业更加直观地感受数据变化（图 6-3），帮助企业深度理解数据，把握市场风向变化和用户喜好。

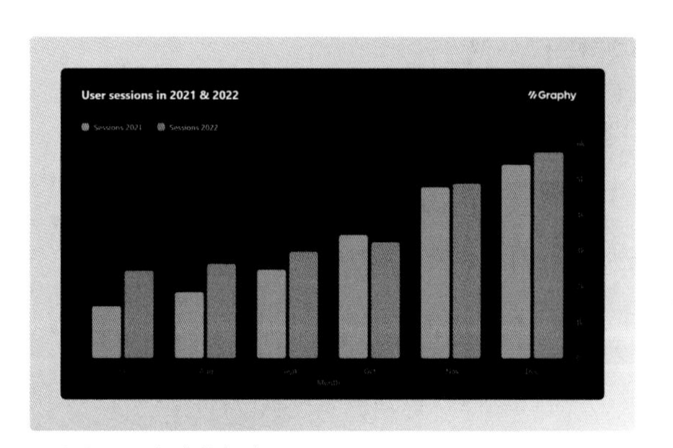

图 6-3 AI 自动化报表

例如，微软公司研发的 Microsoft 365 Copilot（图 6-4）不仅可以与 ChatGPT 连接，而且能与 Microsoft 365 应用结合（图 6-5），有效提高用户的工作效率。Microsoft 365 Copilot 可在 PowerPoint 中将想法转化为令人惊叹的演示文稿；在 Excel 中分析和探索用户的数据，释放用户创造力。

图 6-4 Microsoft 365 Copilot

图 6-5 Microsoft 365 Copilot 应用场景

【关于 AI 的商业化落地思考】

6.2 基于 AI 的商业机会探索

AI 对人类商业的影响是多方面的，就积极方面来说，一方面，AI 可以提高人类商业的生产效率，降低成本，增加收益；另一方面，AI 也可以帮助人类商业实现规模化、个性化、智能化和自动化的生产模式。但是，AI 也有不足的地方，而这些正好也是市场机会，值得深入研究。未来 AI 带来的商业机会主要有以下 4 种。

6.2.1 智能语音助手

智能语音助手是指通过智能对话与即时问答等智能交互功能，帮助用户解决问题的一种应用。自 2010 年苹果公司首次介绍智能语音助手 Siri（图 6-6）以来，智能语音助手在 AI 领域快速发展，并且实现了与智能手机的深度绑定，进入人们的日常生活。近年来，许多公司将智能语音助手与新兴的物联网领域结合，功能越来越实用、便捷、细致。

Siri 是苹果公司研发的智能语音助手，用户利用 Siri 可以与手机进行智能交互，通过语音发送指令，完成一系列操作。另外，用户通过将 Siri 与苹果公司的产品搭配起来使用，可以简化复杂的工作流程，大幅提高生活和工作效率。

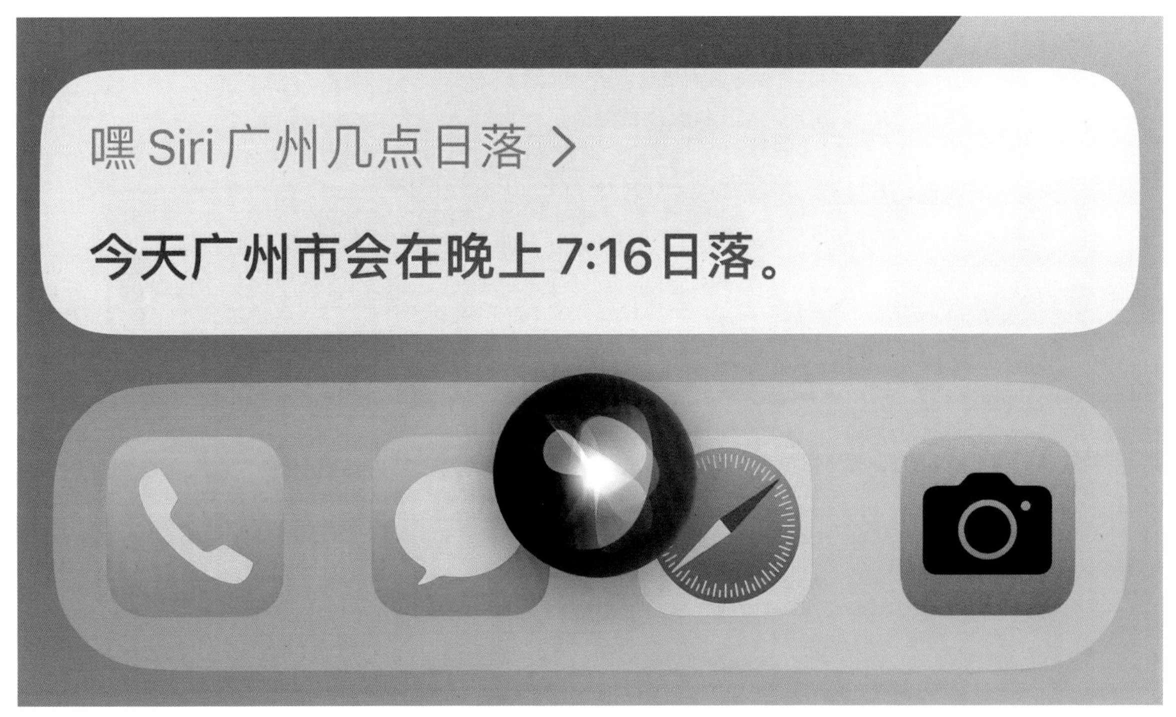

图 6-6 Siri 智能语音助手

6.2.2 数据分析与预测

由于信息技术的飞速发展，大数据技术已经逐渐被应用到人们生活的方方面面。AI 的广泛使用，为大数据分析方法提供了有效的基础。人们使用传统的分析方法时，往往通过查看历史数据，理解数据背后表示的含义，了解和预测事件的成因，最终运用这些信息作出更好的决策，采取有效行动。而以 AI 为基础的大数据技术，可以通过机器学习来辅助分析过往数据并预测未来结果，增强了数据的预测性和可解释性，有利于人们观测可能的结果，增强决策的正确性（图 6-7）。

例如，在银行和金融领域，人们可以使用 AI 来分析和预测投资风险与回报率，生成个性化的投资分析报告，帮助投资者降低因投资失误所带来的风险；在零售行业，可以使用 AI 来分析消费者的兴趣偏好和购买习惯，根据历史营业数据预测市场的未来走向，帮助决策者更好地追踪市场趋势，并且作出明智的决策（图 6-8）；在政府财政方面，可以通过 AI 分析预测不正常的资金流动，及时规避诈骗和其他违规行为；在新媒体和娱乐行业，可以通过 AI 分析用户的观看记录等数据，推荐更加贴合用户喜好的内

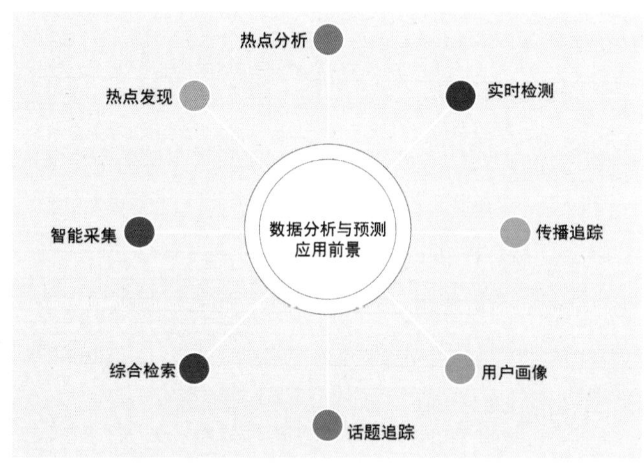

图 6-7 数据分析与预测的应用前景

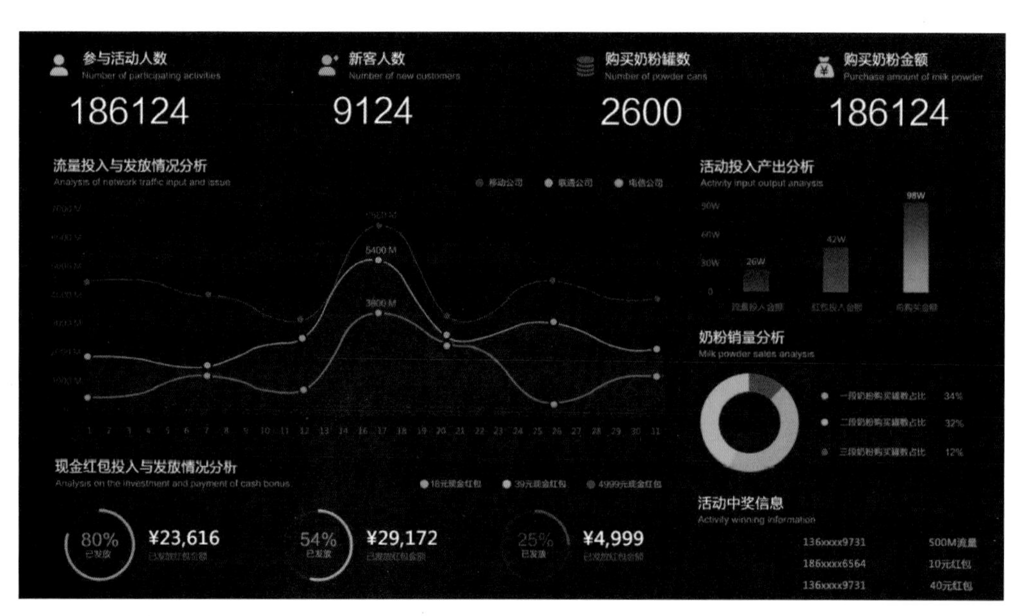

图 6-8 AI 数据分析在零售行业的应用

容。随着技术的进步和应用面的拓展，AI和大数据分析技术的应用范围未来将会越来越广泛。

6.2.3 自动化与智能生产

当前，制造业正在从机械制造时代迈向智能制造时代，许多制造业企业都将工作重心放在了推进智能生产上，促进企业的现代化发展。在传统的制造业流程中，人工是必不可少的一部分，需要人通过单一的体力劳动完成制造；在智能生产时代，人不再以体力劳动为主，而是负责智能设备的管理及理念的输出。AI 将代替人完成简单的体力劳动。

在智能制造时代背景下，工业机器人自动化生产技术代表着工业智能制造的最高水平。由于智能芯片控制及智能控制系统的支持，工业机器人不再局限于单一的简单操作，逐渐走向智能化，通过学习实现自主判断，这实现了人机交互。人作为操作者和管理者，与工业机器人之间的交互更加顺畅。

目前，工业机器人逐渐向专业化、精细化的方向发展。这一方面是为了节约机器人研发制造的成本，另一方面是为了满足不同企业对工业机器人的需求。如机械臂类型的机器人就应用了仿生学原理，人们在机械臂上设置多关节，通过 AI 的操控，能够完成相对复杂的操作，从而代替人来开展工作。当前较为常见的工业机器人有激光雕刻机器人（图 6-9）、焊接机器人（图 6-10）等，这些机器人通过 AI 发出的指令完成一系列生产操作，不仅能够准确地控制生产，还可以智能诊断问题，辅助企业进行生产决策和管理，调整生产计划，保障产品质量。

图 6-9 激光雕刻机器人

图 6-10 焊接机器人

6.2.4 智能在线教育

用科技驱动教育革命，一直是近几年来教育行业的趋势。当前在线教育正朝着智能化的方向发展，将科技元素和互联网、AI 引入课堂，实现传统教育与在线学习的融合，是许多教育企业的重点方向。随着 AI 的进入，传统的学习方式将会被改变。新的学习方式包括协同学习、个性化学习、问题导向式学习等，这些学习方式虽然也被应用于部分学校，但是没有被大范围推广。

智能在线教育的出现很好地解决了这一问题。首先，AI 可以在学前进行精准的分析和判断，对教师和学生进行个性化分析，根据不同的性格、不同水平的学生，提供不同的上课方式，帮助学生匹配到适合自己的班级和课群。其次，AI 可以营造沉浸式的学习环境，帮助学生理解问题，激发学习兴趣，提升主动学习能力。最后，智能在线教育还可以提供个性化服务，如智能分组、智能答疑、智能出题、自动化批改，为学生提供大量学习资料，这将从根本上为未来智慧教育提供全新的方式。

例如，学而思网校研发的“AI 老师”系列产品。该系列产品分为“AI 老师监课系统”“AI 老师记单词”“AI 老师语言学习系统”及“VR 沉浸式课堂”四大部分。其中，“AI 老师监课系统”（图 6-11）的目标用户是广大的授课教师，它深度融合语音识别和表情识别两大技术，从课堂表现的“亲和力”“清晰度”“流畅度”“互动”“重点”等维度，对教师授课情况进行实时评估；教师可根据评分实时调整授课内容和方式，从而保证教学质量。

图 6-11 现场体验“AI 老师监课系统”

6.2.5 新时代 AI 对商业设计的引领

传统的商业设计面临着各种复杂的设计问题，如产品功能优化、材料选择和成本控制等，设计师往往需要依靠经验和试错来解决这些问题。同时，传统的商业设计主要依赖于如手绘（图 6-12）、绘图软件（图 6-13）等，设计师的创意受到了一定的限制。AI 的出现为商业设计的发展带来新的动力。AI 可以模拟

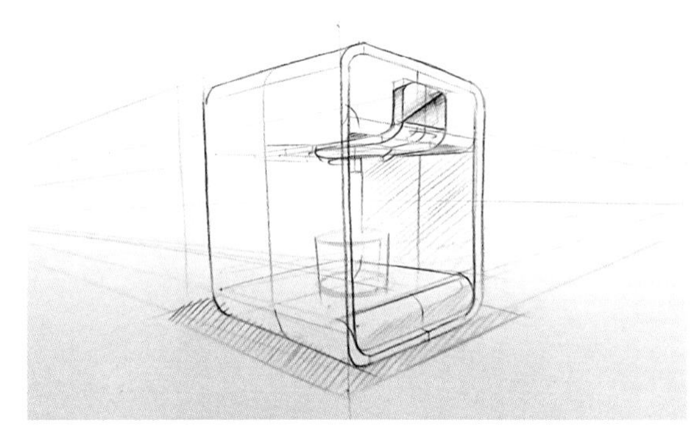

图 6-12 产品设计手绘

人类的思维过程，帮助设计师发现和解决设计中的难题，增强设计的创新性并提高设计的质量。AI 算法和模型的不断创新和进步，为产品设计提供更有效的指导和支持，使设计师可以更加精准地预测市场趋势和用户需求。

党的二十大报告对加快实施创新驱动发展战略作出重要部署，“坚持面向世界科技前沿、面向经济主战场、面向国家重大需求、面向人民生命健康，加快实现高水平科技自立自强”。在这一背景下，AI 作为一项引领性技术，展现出在商业设计领域发挥关键作用的巨大潜力。

在面向世界科技前沿方面，AI 作为世界科技前沿的重要代表之一，应该成为商业设计的关键驱动力。通过引入最新的 AI 技术和算法，商业设计可以更好地满足市场需求，提升产品和服务的竞争力。这种基于数据驱动的设计方法，使商业设计不再局限于个人经验和主观感觉，能够更为客观地洞察市场和用户需求，从而实现更加精准和有效的设计。

在面向经济主战场的要求下，AI 技术为商业设计提供了强大的支撑力量。通过 AI 技术，企业可以实现更高效的产品设计和制造流程，提高生产效率和产品质量，进而提升竞争力。

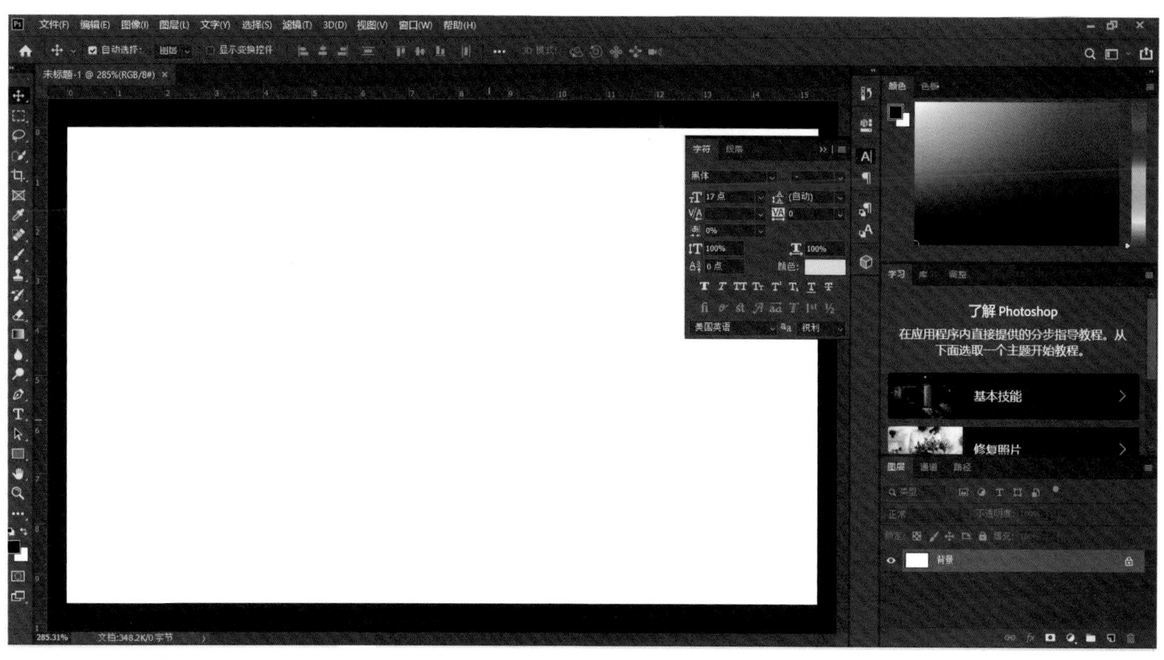

图 6-13　Adobe 公司软件 Photoshop

AI 还能够帮助企业进行市场预测和需求分析，指导企业进行产品定位和市场营销，为企业在激烈的市场竞争中保持领先地位提供重要支持。在这一过程中，AI 不仅仅是商业设计的工具，更是推动商业创新和发展的引擎，为企业带来了更为广阔的发展空间。

同时，AI 技术的应用也有助于满足国家重大需求和促进人民生命健康。在医疗健康领域，AI 可以应用于医疗影像诊断、疾病预测和个性化治疗等方面（图 6-14），为人民提供更为精准和高效的医疗服务，提高医疗水平和人民生活质量。在环境保护领域，AI 可以应用于智能监测（图 6-15）和智能决策等方面，实现环境保护工作的精细化和高效化，保护生态环境和人民的生命健康。因此，AI 技术在引领商业设计方面不仅为企业创新提供了新的动力和支持，也为国家经济和社会的可持续发展作出了积极贡献。

因此，作为新时代商业设计的引领者，AI 将继续发挥重要作用，推动商业创新和产业升级，为构建创新驱动型的现代化经济体系贡献力量。

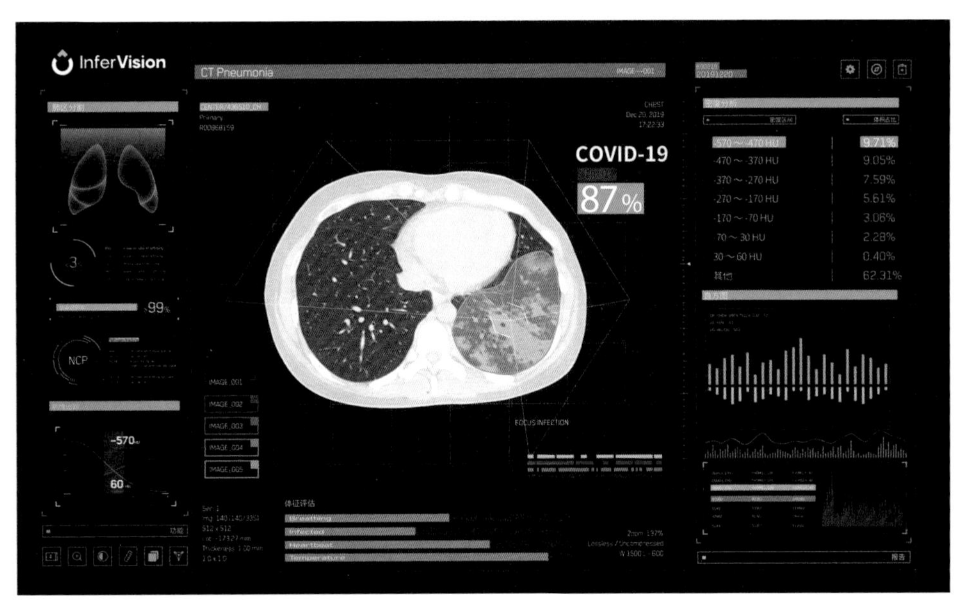

图 6-14　CT（Computed Tomography，电子计算机断层扫描）影像 AI 辅助诊断软件

图 6-15　AI 城市监控管理中心

单元训练

1. 举例说明 AI 如何进行市场预测与分析。
2. 简述基于 AI 的市场预测和分析方法的优势。
3. 简述 AI 发展所带来的商业机会。
4. 结合日常生活，举例说明你还了解哪些 AI 带来的商业机会。

【从 AI 思维到商业落地，如何实现产业闭环？】

第七章 基于 AI 的商业模式设计

本章要求

本章旨在让学生通过学习商业模式设计的基本概念，掌握基于 AI 的商业模式设计和创新方法，了解 AI 在商业模式创新中的应用，为后续课程的学习和实践打下基础。

学习目标

本章的目标是让学生能够对 AI 技术在商业模式创新中的应用有更清晰的认识，了解 AI 带来的好处与便利，进一步思考 AI 未来的发展趋势。

7.1 商业模式设计的基本概念

商业模式是一个理论工具，它包含大量的商业元素及其之间的关系，能显示一个公司在一个或多个方面的价值所在，包括用户、公司结构，以及以营利和可持续性盈利为目的，用以生产、销售、传递价值及关系资本的用户网。

现在提到的商业模式很多都以 PC（Personal Computer，个人计算机）互联网和移动互联网为媒介，整合传统的商业类型，连接各种商业渠道，具有高创新、高价值、高盈利、高风险的全新商业运作模式和组织架构。

7.1.1 商业模式的基本类型

如图 7-1 所示，商业模式的基本类型主要分为连锁、直销、互联网、供应链、金融、资本六大类型。

（1）连锁模式。这种模式比较常见，如餐饮、药店、房产经纪等。这种靠终端连锁的模式，能够迅速占领市场，把自己经营的产品快速投放到消费者的面前。

（2）直销模式。这就是传统的“一对一”当面销售，即“厂家直销”，其实中间经过了很多环节，一级一级经销商，层层都有好处，消费者最终到手的价格很贵。

（3）互联网模式。这是目前比较流行的模式，通过网络将产品广告推送给消费者，从比较早的淘宝、京东，再到现在的抖音、快手，都属于这种模式。

（4）供应链模式。将消费者需要的产品，用最短的时间，准确地投放到消费者的面前，就是供应链。生产商生产了很多产品，但是把产品积压在库房，不是供应链，必须把产品快速投放到市场，才是供应链。

（5）金融模式。这种模式在金融领域比较多，可全链条打通商业生态圈，提供解决企业现金流、用户流、利润率等问题的一整套系统化设计方案，最终实现市场满意、企业盈利、资本获利的多赢局面。

（6）资本模式。这种模式主要是指上市公司依托背后的资本，通过促进之前主体产品的股价回弹，实现资本的放大。

7.1.2 基于 AI 的商业模式

基于 AI 的商业模式主要分为数据驱动、个性化定制、智能化、人机协同、生态化。

（1）数据驱动的商业模式。随着大数据时

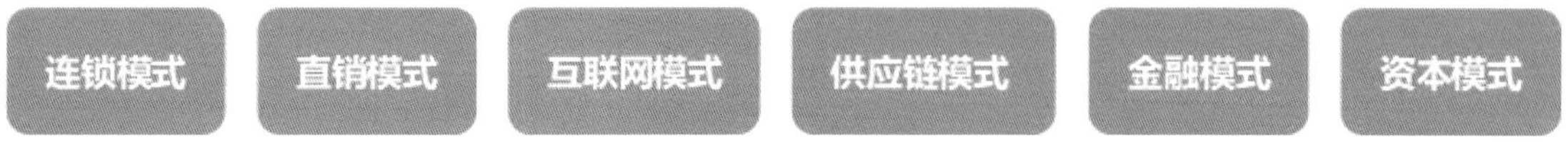

连锁模式 | 直销模式 | 互联网模式 | 供应链模式 | 金融模式 | 资本模式

图 7-1 商业模式六大类型

代的到来，数据已经成为商业竞争的重要资源。在 AI 时代，商业模式将更加需要数据驱动，企业将会通过数据挖掘和分析来实现更精准的市场定位、产品设计和服务提供（图 7-2）。

（2）个性化定制的商业模式。AI 技术可以帮助企业进行个性化定制，提高用户对产品和服务的满意度。在 AI 时代，企业将会更加注重个性化定制的商业模式，通过数据分析和机器学习来实现产品和服务的个性化定制，从而提升用户体验并提高品牌忠诚度（图 7-3）。

（3）智能化的商业模式。AI 技术可以帮助企业实现智能化的商业模式，如智能客服（图 7-4）、智能营销、智能供应链等。在 AI 时代，企业将会更加注重智能化的商业模式，通过自动化和智能化的技术来提高效率和降低成本。

（4）人机协同的商业模式。AI 技术可以促进人类和机器之间的协作和交互，实现更高效、更准确的工作流程。在 AI 时代，企业将会更加注重人机协同的商业模式，通过人机协同的方式来提高工作效率并提升创造力（图 7-5）。

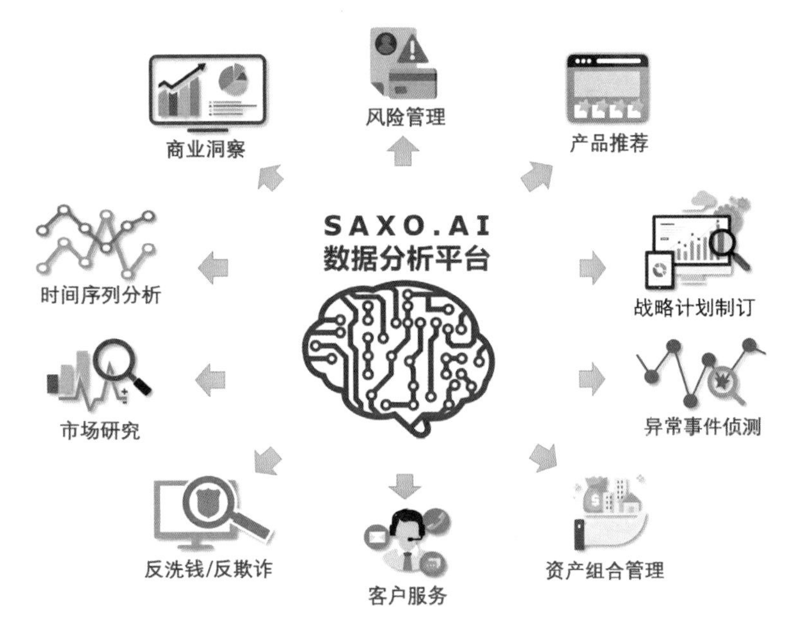

图 7-2　AI 数据分析

图 7-3　AI 个性化定制

未来已来，人工客服向智能客服升级

自动回复

对机器人欢迎语、默认回复、重复回复、超时回复和转人工进行自由配置

知识管理

添加知识规则，管理知识规则问句和答案，支持批量导入导出和知识库测试

菜单导航

生成多级自助导航菜单，应用于知识规则或自动回复答案，收敛指导用户提问

转人工

提供多种灵活转人工方式，时间段、指定服务人员、限转场景可配，实现无缝切换

图 7-4 智能客服

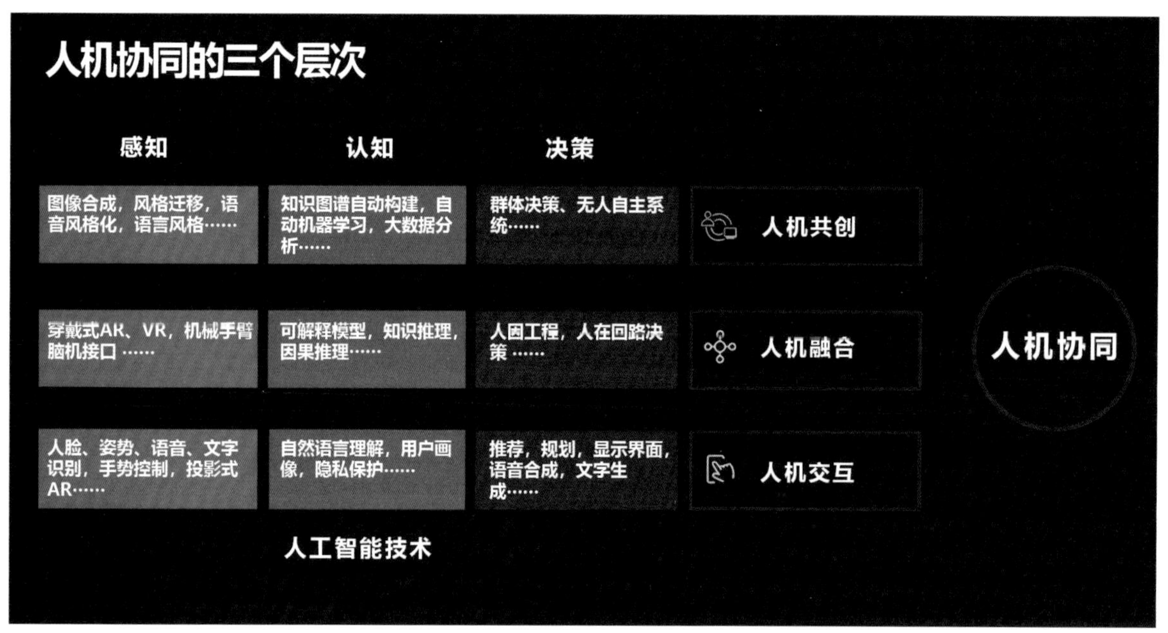

图 7-5 人机协同

(5) 生态化的商业模式。AI 技术可以帮助企业构建生态圈，实现更多的合作和共赢。在 AI 时代，企业将会更加注重生态化的商业模式，通过创新性的生态合作模式来实现共同的利益和价值（图 7-6）。

【浅析未来商业模式的四大趋势】

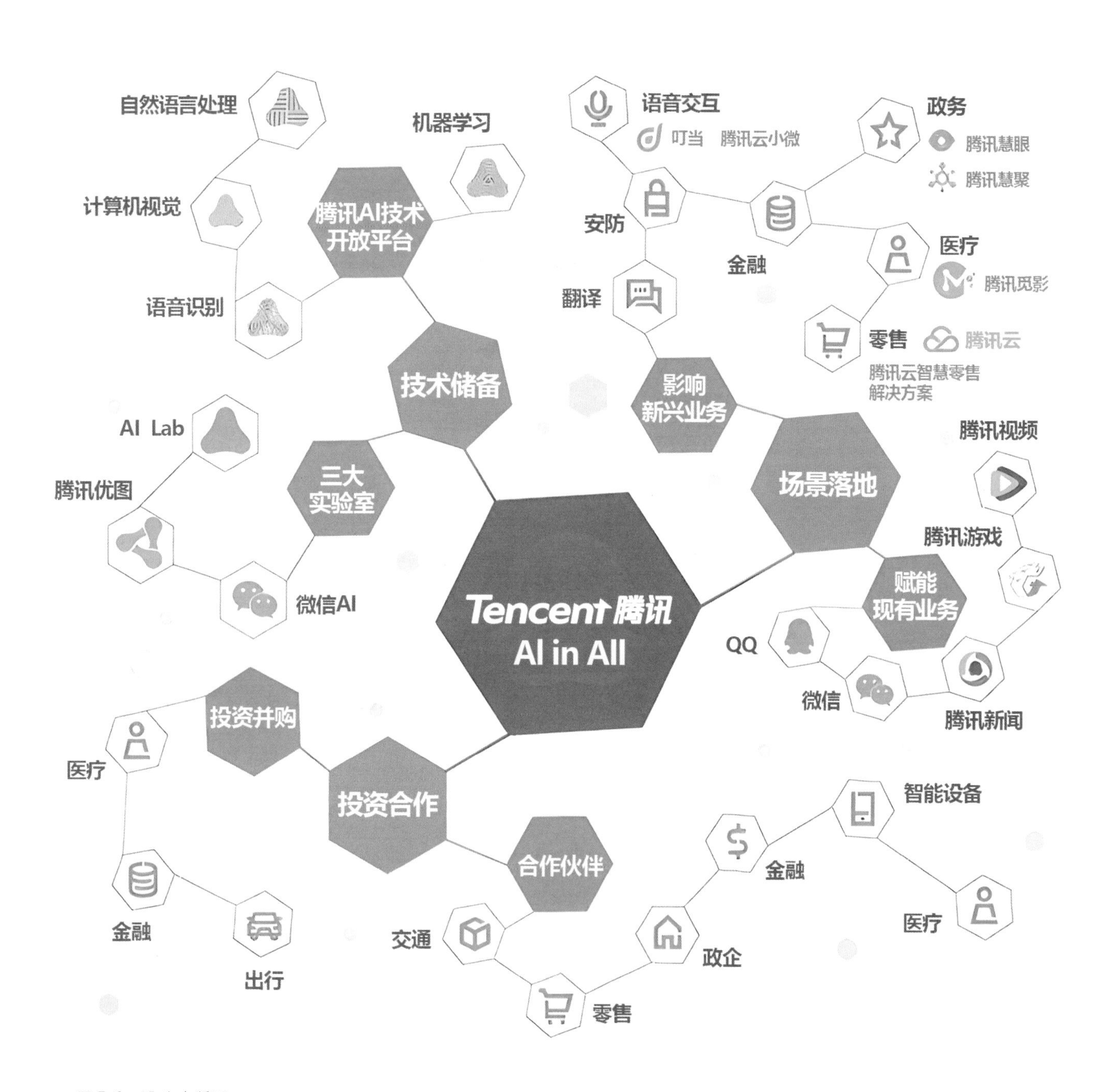

Tencent 腾讯
AI in All
技术储备
腾讯AI技术开放平台
自然语言处理
机器学习
计算机视觉
语音识别
三大实验室
AI Lab
腾讯优图
微信AI
场景落地
影响新兴业务
语音交互
叮当
腾讯云小微
政务
腾讯慧眼
腾讯慧聚
安防
金融
医疗
腾讯觅影
翻译
零售
腾讯云
腾讯云智慧零售解决方案
赋能现有业务
腾讯视频
腾讯游戏
QQ
微信
腾讯新闻
投资合作
投资并购
医疗
金融
出行
合作伙伴
交通
零售
政企
金融
智能设备
医疗

图 7-6　AI 生态版图

7.2 基于 AI 的商业模式创新方法

AI 正以无法想象的速度迅猛发展，为商业的更新迭代带来了无限可能。AI 技术正成为企业的新驱动力，在 AI 技术的赋能下，企业可以实现更多的商业价值。企业应抓住 AI 技术的发展机遇，运用其优势，实现产品与服务的优化、提升用户体验、降低运营成本及创新商业模式，从而为企业创造更大的商业价值。下面以 AIGC 公司为例，介绍其基于 AI 的商业模式创新方法。

7.2.1 产品开发和改进

AIGC 公司可以不断改进和优化其 AI 算法和模型，以提高生成内容的质量并增强其多样性；通过持续的研发和技术创新，不断满足市场需求，并且确保其在商业化过程中具有竞争力。

(1) Krisp：使用 AI 技术消除用户通话中的背景语音、噪声和回声，让用户通话更安心；也能够利用 AI 技术进行智能会议记录(图 7-7)。

(2) Podcastle：工作室级录音、AI 编辑和无缝导出，让用户在计算机上就能获得录音室级别的录音效果(图 7-8)。

7.2.2 用户定制化服务

AIGC 公司可以针对不同行业和用户需求，提供定制化的内容生成服务。例如，为媒体公司提供新闻稿件的自动生成服务，为广告公司提供创意文案的自动生成服务等；通过满足用户个性化的需求，提供高质量、高效率的内容生成解决方案，获得用户的认可并促成合作。

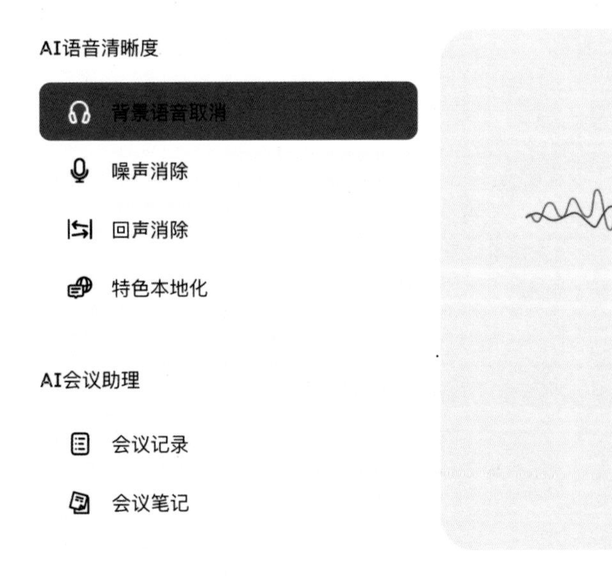

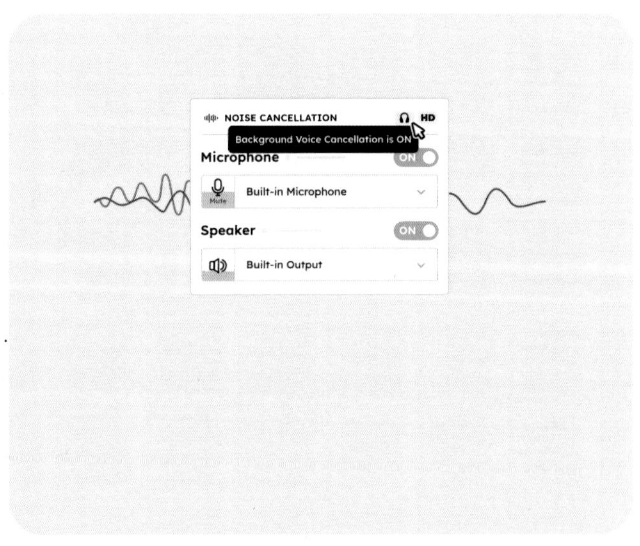

图 7-7 Krisp AI 语音助手

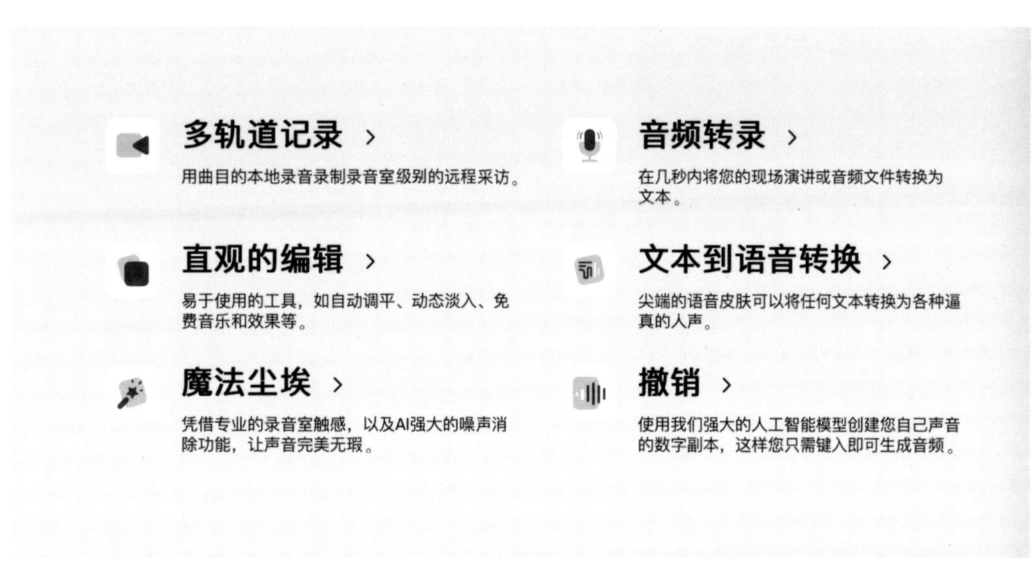

图 7-8　Podcastle AI 录音

(1) Copy：AI 驱动的文案生成工具，能编写出更好的内容，它可以写博客、写稿子、撰写新媒体文案，瞬间减少用户写作的时间（图 7-9）。

(2) Quickchat AI：一家提供了无代码平台的公司，能够构建自己的多语言 AI 助手，由生成式 AI 模型提供支持；用 AI 聊天机器人提供自动化用户服务；通过强大的集成和应用程序接口（Application Programming Interface，API），将对话式 AI 的功能添加到任何网站、产品、应用程序、游戏或智能设备中（图 7-10 ～图 7-14）。

(3) Looka：可供用户设计自己的品牌；用 AI 的力量设计一个标志，创建一个用户会喜欢的品牌标识（图 7-15）。

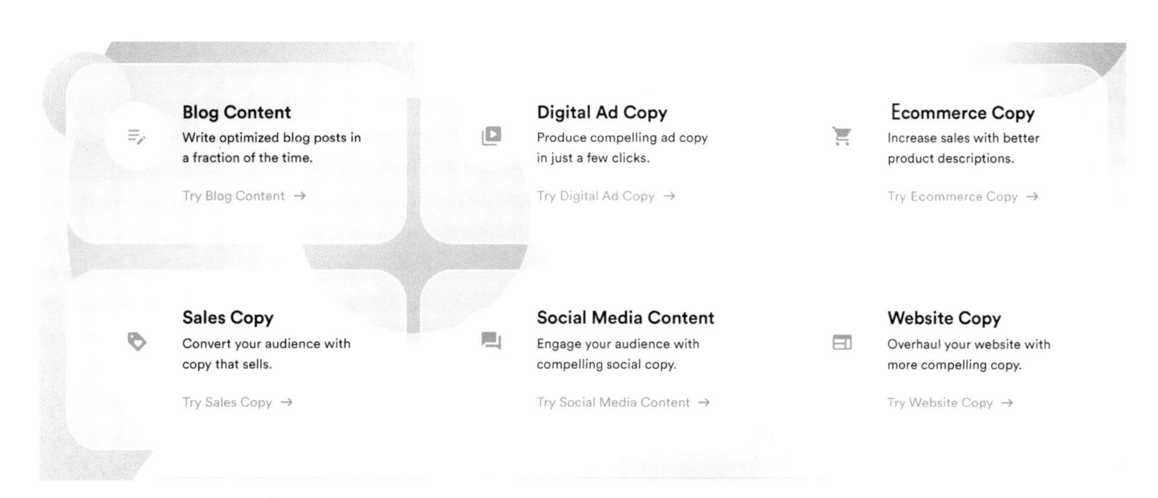

图 7-9　Copy AI 文案生成

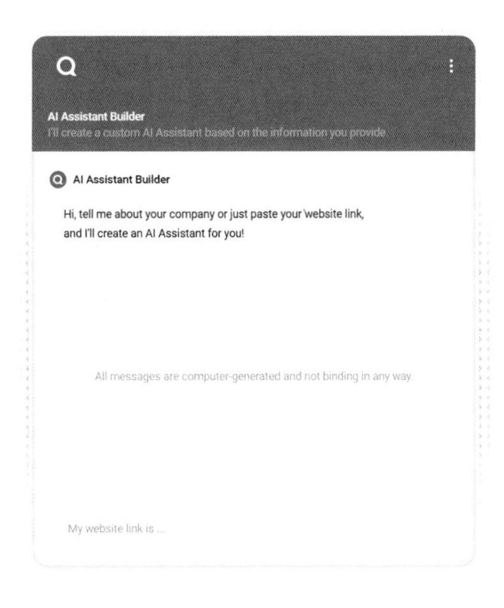

图 7-10 Quickchat AI 无代码平台

图 7-11 多语言

图 7-12 集成和 API

自动人工交接

当用户请求或在知识库中找不到答案时，您的AI助手会自动将对话移交给您的人工智能客服。

图 7-13 智能转接

图 7-14　个性定制

图 7-15　Looka AI 品牌设计

7.2.3　授权和许可

AIGC 公司可以将其生成的内容授权给其他公司或平台使用。例如，将生成的文章授权给新闻网站使用，将生成的音乐授权给音乐平台使用等；通过建立合作伙伴关系和进行授权许可，将 AIGC 技术应用于更广泛的领域，获得相应的授权费用。

Beatoven：创建定制免版税音乐的 AI 工具，让企业和个人在项目中轻松添加独特、原创的音乐，不需要烦琐的版权授权（图 7-16、图 7-17）。

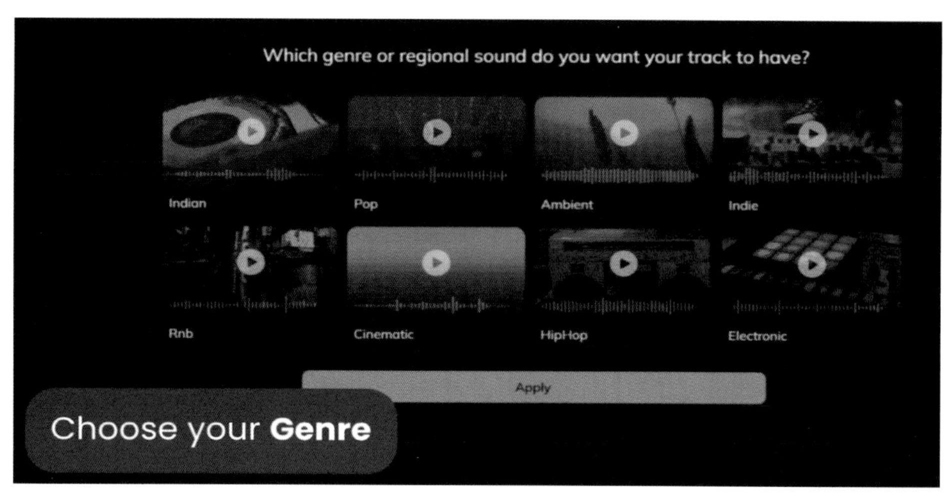

图 7-16 选择音乐风格

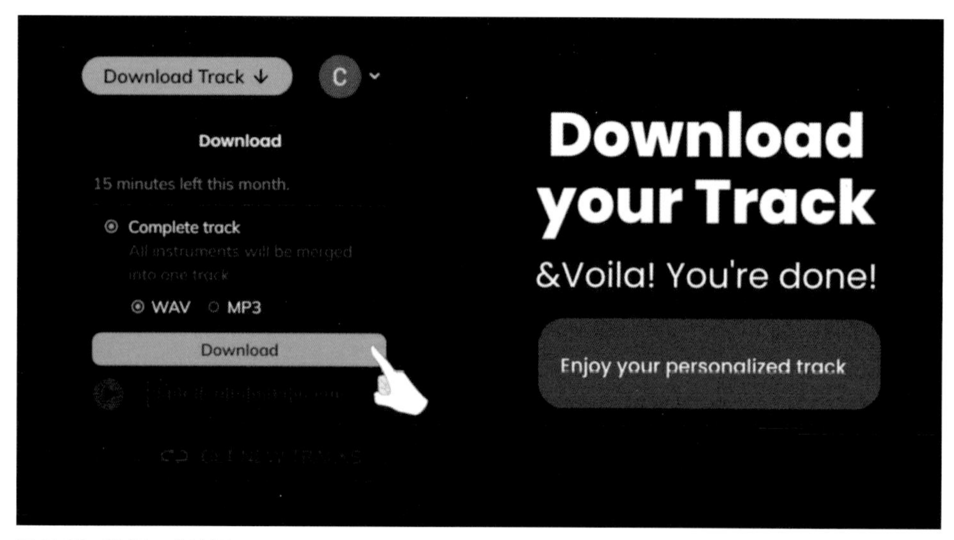

图 7-17 选择下载途径

7.2.4 数据分析和市场营销

AIGC 公司可以对生成内容的数据进行挖掘和分析，了解用户需求和市场趋势；通过对用户行为和反馈进行分析，可以进一步优化生成内容的质量，提高个性化程度和用户满意度；同时，利用数据分析的结果，可以进行精准的市场营销和推广，吸引更多用户和合作伙伴。

(1) Maverick：大规模生成个性化视频的 AI 工具，帮助企业轻松创建和分发与目标受众相关的有吸引力的视频内容（图 7-18、图 7-19）。

(2) Puzzle Labs：这款 AI 工具旨在为用户搭建知识库，它提供了一个全方位的平台，用于创建、管理和分享信息和知识，以提高协作效率，减少支持请求，提升用户体验；用户导入内容，可以毫不费力地构思概念，手动创建，从网页地址（Universal Resource Locator，URL）导入，或者与 WordPress 无缝同步（图 7-20）；创建智能词汇表，制作一

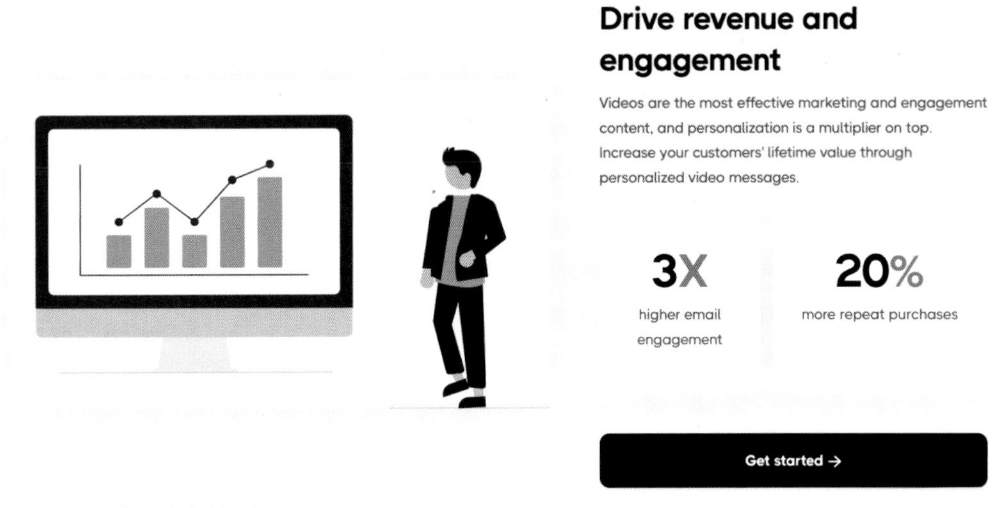

图 7-18 根据用户定制视频

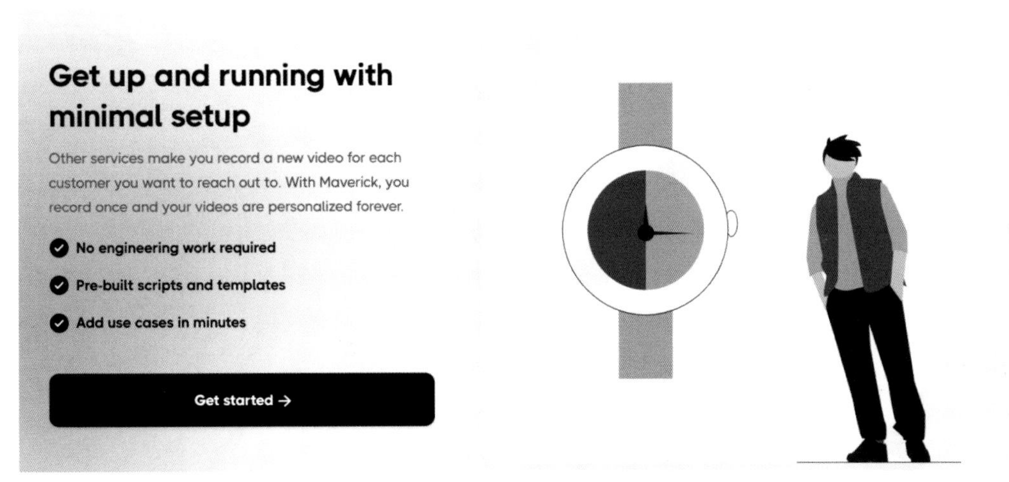

图 7-19 简单且持续的定制功能

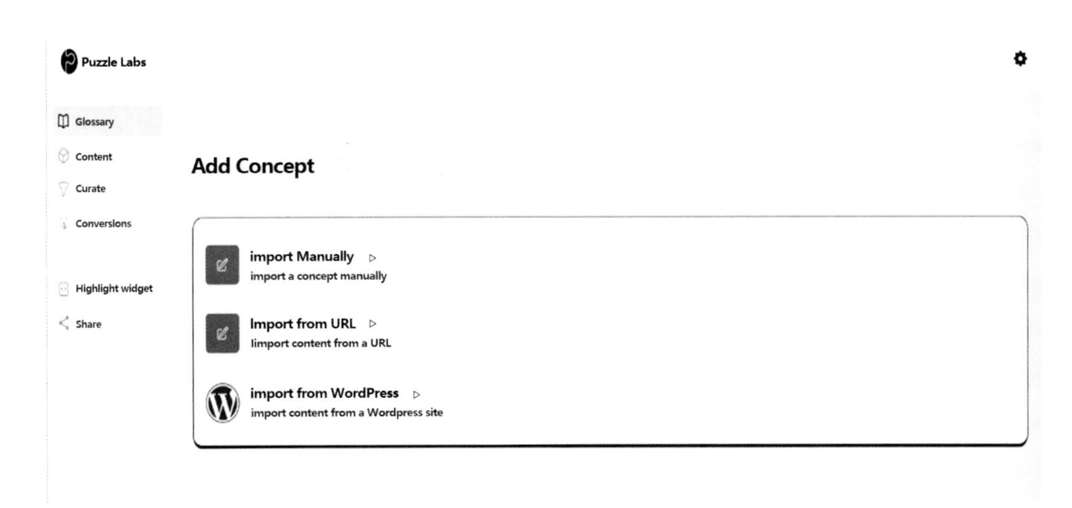

图 7-20 导入内容

个有影响力的词汇表，选择对听众最重要的概念，并且定义自己的语言（图 7-21）；发布谜题小工具，在自己的网站上用几行代码激活益智小工具，小工具会随着概念的发展而自动更新（图 7-22）。

7.2.5 知识产权保护

AIGC 公司应注重保护其 AI 算法和模型的知识产权，通过申请专利和商标等知识产权保护措施（图 7-23），确保自身技术的独特性和市场竞争力；同时，建立合理的合同条款，

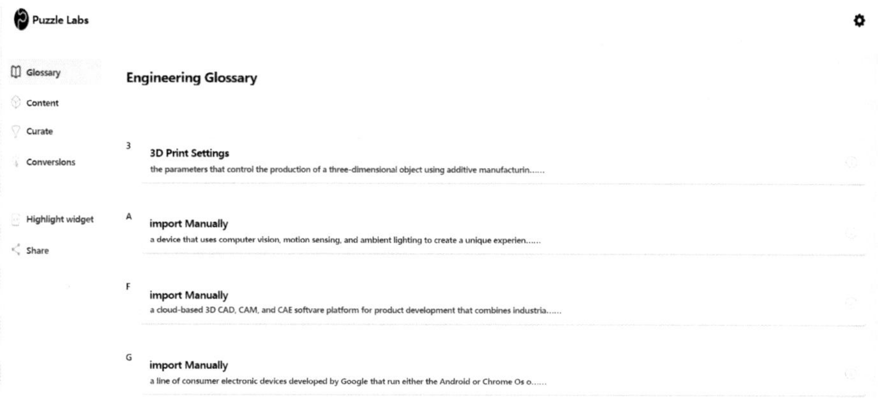

图 7-21 创建智能词汇表

图 7-22 发布谜题小工具

图 7-23 知识产权保护

保护公司的商业机密和核心技术。

(1) 专利权：如果 AI 技术在某一领域的创新有所突破，AIGC 公司可以申请专利保护，以保护其技术在未来的商业利用中不被盗用。

(2) 商标权：如果 AI 技术产品或服务具有某种标识，如名称、标志等，AIGC 公司可以申请商标权保护，以保护其在市场中的独特性。

(3) 著作权：对通过 AI 技术创作的作品，如视频、音乐、文学、图像等，AIGC 公司可以申请著作权保护，以保护其在未来商业利用中的版权。

(4) 商业秘密：在使用 AI 技术时，涉及的数据、算法、模型等技术信息可以被视作商业秘密，AIGC 公司应当采取相应措施加以保护。

7.2.6 行业合作和生态圈建设

AIGC 公司可以与相关行业的公司、机构和专家进行合作，共同推动 AIGC 技术的应用和商业化发展；建立行业标准和规范，促进技术的广泛应用和市场认可；同时，建立生态圈合作伙伴关系，通过共享资源和技术交流，提高整个行业的发展水平。

例如，某机器人厂商与某 AI 企业宣布达成战略合作伙伴关系，致力于推动智能机器人的进化与发展，为人类创造更加便利、智能化的未来生活；通过融合自身丰富的制造经验和创新能力，以及该 AI 企业在计算机视觉、自然语言处理、机器学习等领域的技术优势，致力于打造具有更高水平的智能机器人产品（图 7-24）。

图 7-24　智能服务机器人

7.3 AI 在商业模式创新中的应用

7.3.1 网络直播领域

数字人直播间是指通过 AI 技术生成的虚拟主播，可以在直播间中与消费者进行互动、展示产品、推广品牌等。相较于传统大众娱乐产业中的偶像，虚拟偶像在形象构建方面更自由，其技术能力、应用场景和商业价值有着更广阔的空间（图 7-25）。

数字人直播间的应用场景非常广泛，如在电商领域，数字人直播间可以作为一种新型的销售渠道，帮助商家展示产品、进行推广、提高销售额；在知识付费领域，数字人直播间可以作为一种新型的教学场景，通过数字人直播矩阵自动化、批量化获取流量（图 7-26）。

图 7-25 数字人形象

图 7-26　数字人带货

7.3.2　健康医疗领域

AI 技术在医学诊断、个性化治疗等方面的应用，将提高医疗服务的精确性和效率，改善患者的生活。有了深度学习，借助神经网络，AI 将影响所有临床医生——从协助准确地扫描读取医疗胶片，到保健系统、促进远程监控的使用，最终人们将不再需要线下病房。而且，借助虚拟医学指导，消费者能更好地管理甚至预防疾病。

例如，德国 BERG 公司已经与阿斯利康和赛诺菲巴斯德等主要制药公司合作，使用临床数据和算法来识别潜在的生物靶点，研发有效药物以治疗帕金森等疾病。赛诺菲巴斯德还分析人量数据，以深入了解为什么某些流感疫苗只对某些人有效（图 7-27）。

AI 软件还可以预测哪些化合物可能与目标蛋白结合，以帮助缩小候选药物的范围（图 7-28）。

7.3.3　教育领域

AI 技术可以实现个性化教学，提供更加智能化的教育资源和学习方式，激发学生学习的热情和创造力。语音交互、文字识别、人脸识别、人体识别、增强现实（AR）等多项 AI 技术，可以赋能软硬件教学产品，实现更好的人机交互的教学体验，用更低的师资成本

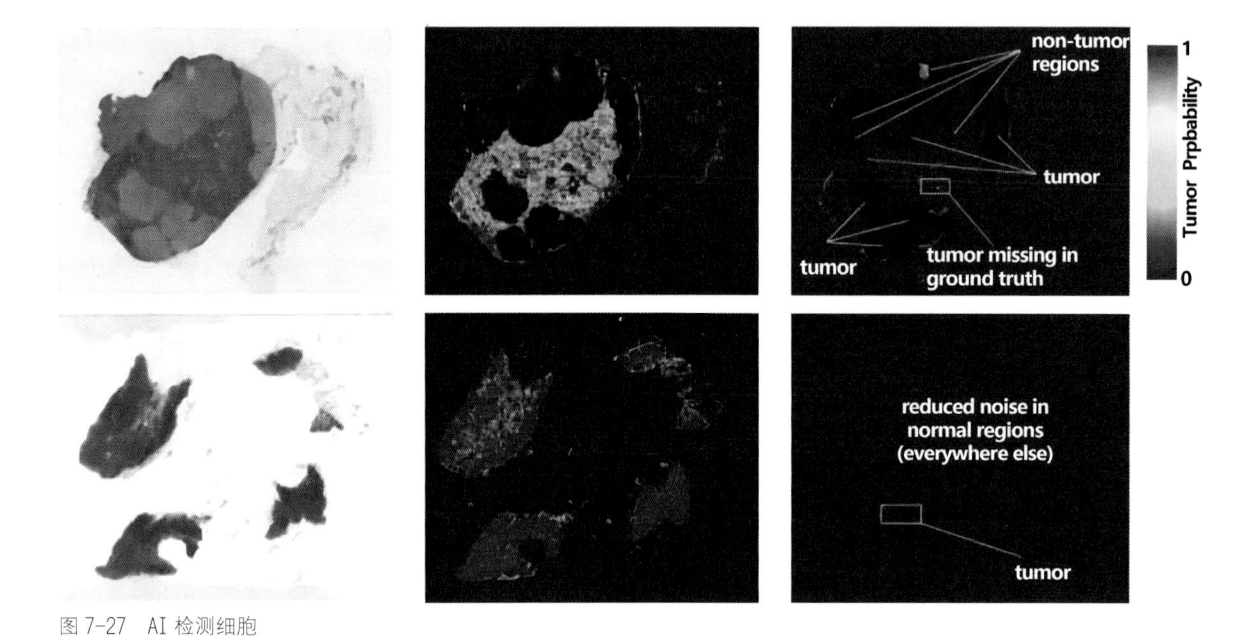

图 7-27 AI 检测细胞

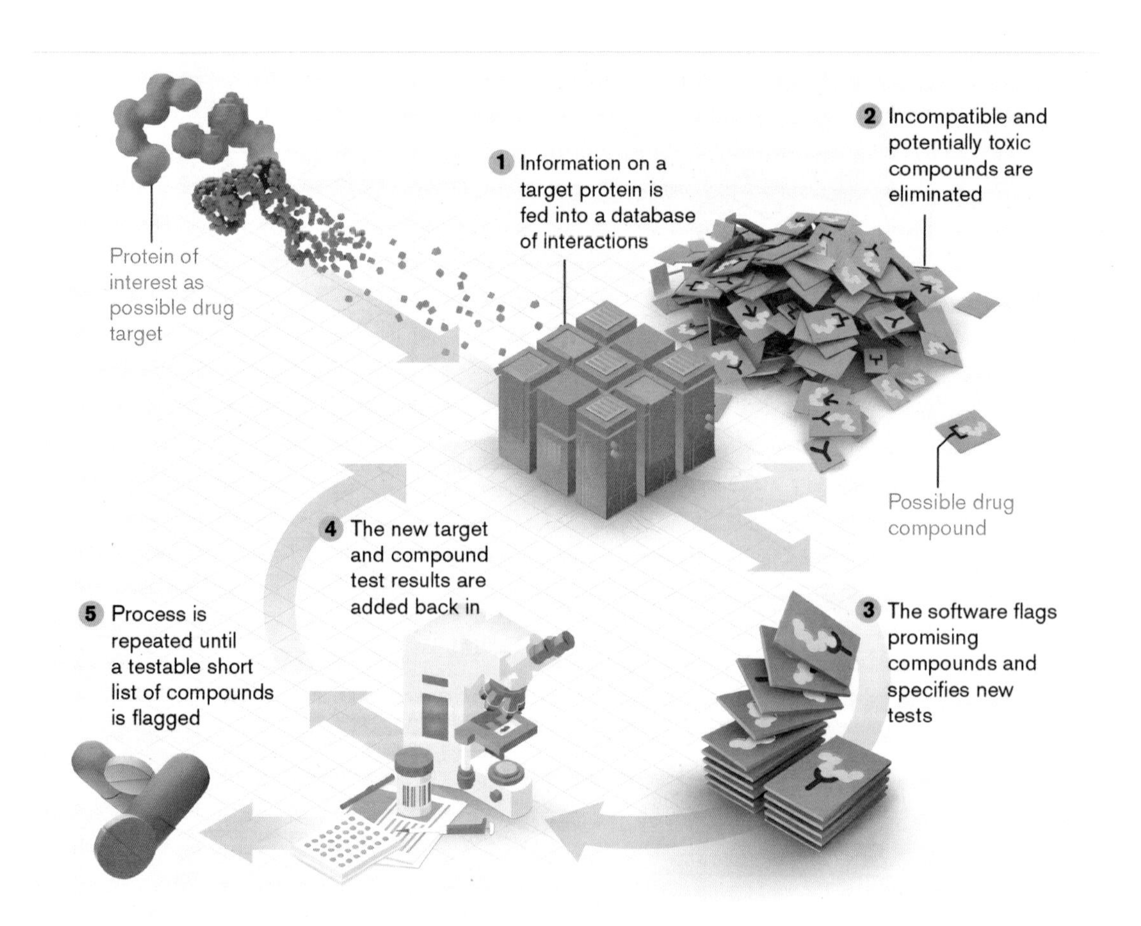

图 7-28 AI 预测目标蛋白

获得高质量的教育效果；同时可以打造智慧校园，实现校园安全、校内考勤、课堂效果监测等关键场景的业务升级，提升校园生活体验并提高安全性，降低管理成本。

例如，科大讯飞运用 AI 和大数据，利用知识图谱和学生学习过程性数据，从以题推题到以人推题，帮助学生实现个性化学习，减负增效；将技术与课堂教学融合，优化教育资源供给模式，帮助教师精准教学，助力解决教学痛点（图 7-29）。

图 7-29　AI 教学体验

7.3.4　交通领域

AI 技术使城市管理和交通规划更加高效，提升城市居民的生活品质。随着在理想道路条件下实现安全自动驾驶的技术的出现，AI 将更深一步强化交通的智慧性，同时也在颠覆智慧出行方式和商业模式。

AI 技术不是用于教会汽车识别树或停车标志的，而是通过分析驾驶员的驾驶习惯来训练自己的。例如，Waymo 公司将从一个行车记录仪应用程序和一个插件模块中提取的数百万千米驾驶数据，汇总成一个模仿人类驾驶员的自主系统，结合视觉感知技术、语音识别技术、自然语言处理技术、深度学习技术，提高车的安全性能（图 7-30）。

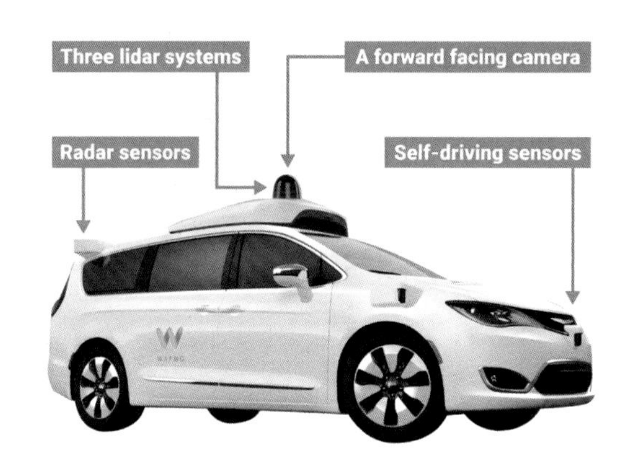

图 7-30　AI 无人驾驶

7.3.5　生活领域

作为一种新型技术，AI 获得了各行各业的关注与青睐，也取得了一定的成效。目前，大多数行业能够获得 AI 关于宽带使用或吃、住、行等方面的帮助。在翻译时，手机就不只是一个简单的通话硬件，而是一个可以交流的伴侣。例如，亚马逊的 Alexa 音箱（图 7-31）不但是一个家庭的智能管家（帮助节能环保），还可以充当购物向导（让消费者更高效地消费）的角色或生活助理（让消费者更方便潇洒地吃、住、行）的角色。又如，时装品牌通过结合 AI 和 AR 技术，为消费者提供虚拟试衣功能，以提升购物体验（图 7-32）。

图 7-31　Alexa 音箱

图 7-32 AI 虚拟试衣

元星智药旨在成为全球领先的新一代 AI 驱动的功效性原料研发与设计平台；致力于融合 AI 与生命科学，运用深度学习、知识图谱、自然语言处理等技术，深入解析复杂的生物网络。

平台通过 AI 算法，可以帮助原料厂发现原料成分的潜在功效和核心作用机制，助力功效性原料商实现创新突破，为化妆品品牌方提供新型原料分子结构，推动品牌独家新原料的问世，如图 7-33 所示。

7.3.6 金融领域

AI 在金融领域的应用将提升金融行业的风险评估和预测能力，促进金融市场的稳定发展(图 7-34)。在金融领域，过去收集的数据数量激增，以至于夜以继日工作的分析师无力处理所有数据，但机器可以做到。彭博新闻社、FactSet 研究系统和汤森路透都开发了一系列数据科学工具和技术（包括机器学习、深度学习和自然语言处理）迅速为数以千计的金融专业人士挖掘出有价值的信息。而理财公司正竞相发掘包含在网站剪贴、语言分析、信用卡购买和卫星数据中的交易信号的潜力，目标是降低风险，提高效率并提升用户体验。

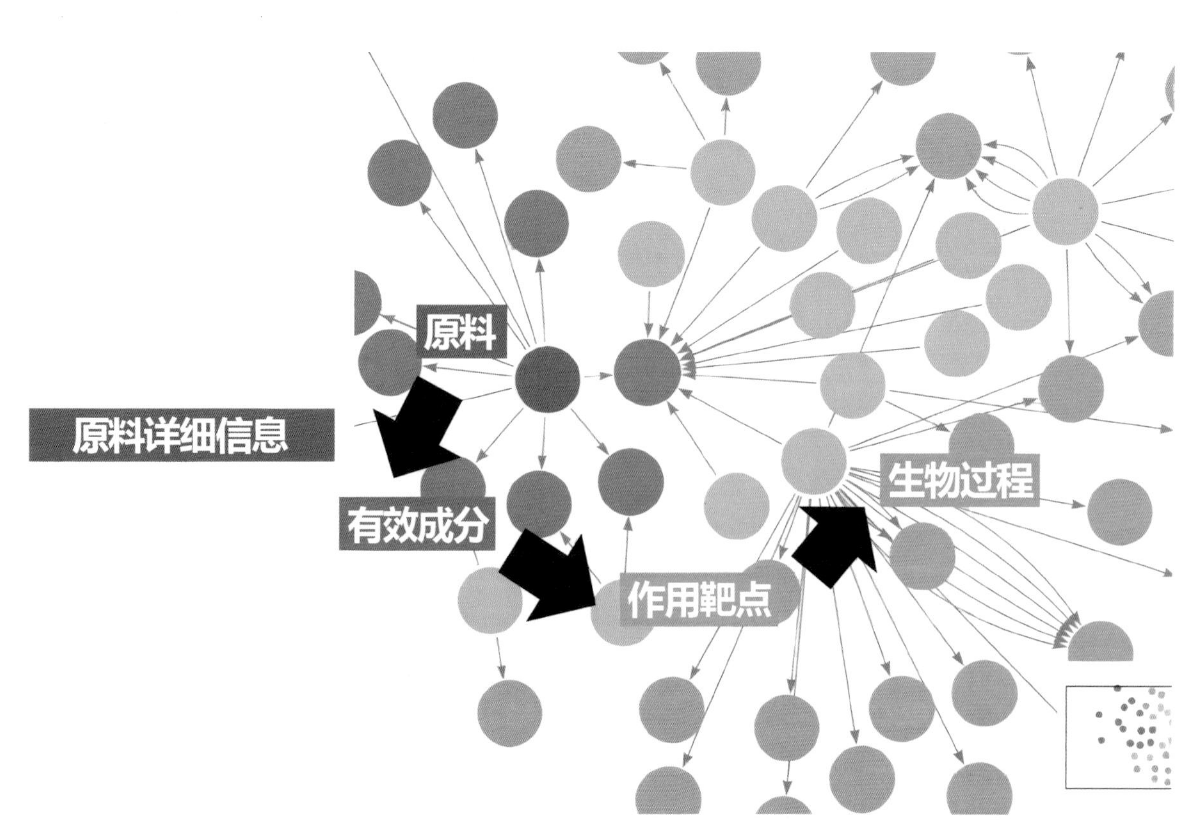

图 7-33 AI 寻找新原料

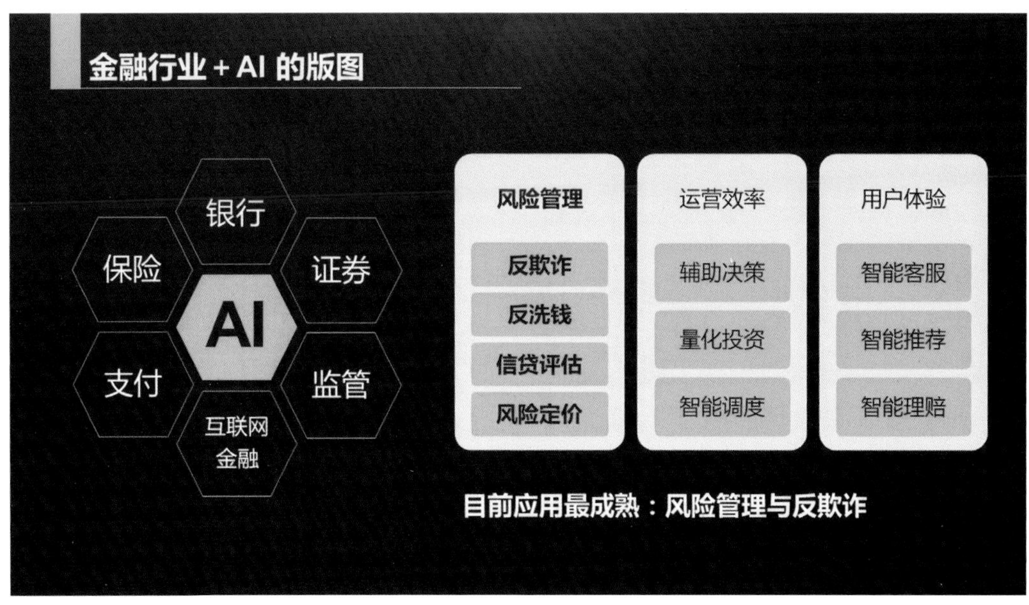

图 7-34 AI 金融版图

7.3.7 环境保护领域

AI 在环境监测和资源管理中的应用，有助于更好地保护地球的生态平衡，推动可持续发展（图 7-35）。

AI 可以帮助企业和家庭实现更加智能化的能源管理。通过安装传感器，AI 可以实时监测能源的使用情况，进行数据分析，为用户提供更加智能化的能源管理方案，从而减少碳排放。AI 可以帮助开发新能源，对太阳能、风能等新能源进行预测和优化，从而提高能源利用效率。AI 还可以帮助改善能源储存和利用效率，对电池的充电和放电进行优化控制，从而延长电池寿命。

图 7-35 AI 智能环境管理

7.3.8 党的二十大对 AI 商业模式的引导

党的二十大报告指出："加快发展数字经济，促进数字经济和实体经济深度融合，打造具有国际竞争力的数字产业集群。"

因此，商业模式需要更加注重数字化和数据驱动。企业需要利用先进的信息技术和数据分析工具，将传统业务模式转变为数字化、在线化模式，以更好地了解用户需求、优化产品设计和营销策略。智能化服务和定制化产品将成为商业模式的重要特点。企业需要将 AI 技术应用到产品设计、生产制造、用户服务等方面，提供个性化、智能化的产品和服务，以满足不同用户群体的需求。

企业需要在追求全球化的前提下，充分考虑本地市场的特点和文化差异，实现全球化战略和本地化执行的有机结合；同时，需要不断创新，积极探索新的商业模式和商业机会，建立开放、灵活的生态联盟，实现共赢共享的发展。

单元训练

1. 简述 AI 商业模式的类型。
2. 举例说明 AI 商业模式的创新方法有哪些。
3. 简述 AI 在商业模式创新中的应用。
4. 结合日常生活举例说明 AI 商业模式对传统商业模式的影响。

第八章 AI 辅助创新创意设计应用案例分析

本章要求

本章旨在让学生深入了解 AI 在创新创意设计领域的应用，探讨 AI 在不同领域辅助创新创意设计的过程，了解 AI 在工业设计、建筑设计、数字媒体设计及跨领域创意中的具体应用案例，以及其对创意设计流程和创意产出的影响。

学习目标

本章的目标是让学生理解 AI 在创新创意设计中的应用前景，深入探讨 AI 如何在工业设计、建筑设计、数字媒体设计及跨领域创意中发挥作用，深入思考技术与人类创造力应如何平衡，明确 AI 在创新创意设计中的辅助作用和局限性，为未来的创新创意设计提供更有深度的方案；此外，要结合党的二十大报告提出的“坚持创新在我国现代化建设全局中的核心地位”，思考如何将 AI 技术应用于推动创新和促进创意设计的发展。

8.1 工业设计领域的案例分析

在工业设计领域，AI 能够通过分析市场趋势和用户喜好，为产品设计提供灵感。党的二十大报告提出的“创新是第一动力”和“坚持创新在我国现代化建设全局中的核心地位”，为工业设计指明方向。例如，通过社交媒体数据分析，汽车制造商可以预测未来汽车设计趋势，使用 AI 辅助设计生成多样化的车型方案。这种 AI 技术的应用不仅提高了产品设计的精准度和效率，也为工业创新注入了活力，促进了工业设计的发展。

8.1.1 AI 赋能鞋类设计

在工业设计领域，AI 发挥着重要作用，AI 为设计师提供智能辅助工具，帮助设计师打开思路，打造虚拟产品，研发一些可以领先行业的尖端产品，并且快速实现可视化，在接下来的赛道中抢占先机（图 8-1）。

鞋类行业顾问兼 3D 打印专家 Nicoline Van Enter 分享了其工厂对 AI 工具的探索与实践，该工厂目前主要把 DALL·E 和 Midjourney 作为主要的 AI 工具，应用到鞋类的产品研发中（图 8-2）。

设计师利用 AI 分析消费者的喜好和需求，短时间内用提示词在 DALL·E 上生成图片

图 8-1 Nike 的 AI 虚拟产品

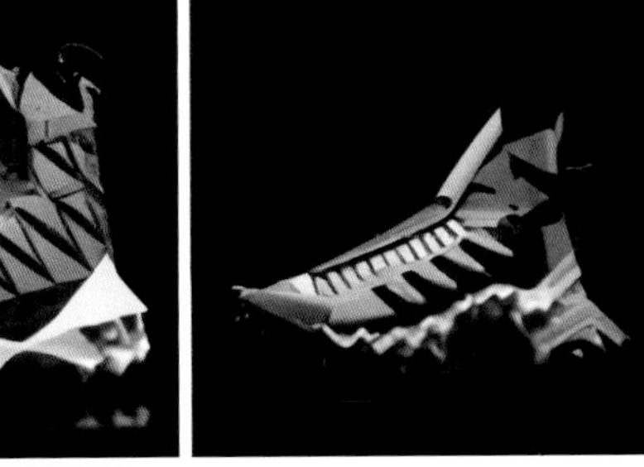
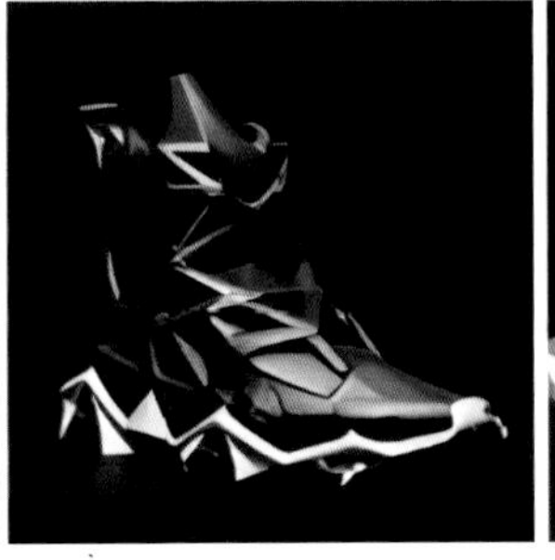

图 8-2 AI 生成的鞋类设计

(图 8-3)。设计师在 10 分钟内运用 AI 软件生成了 1500 张设计图片，这些图片可以让消费者对产品有直观的感受，而设计师可根据消费者的喜好和要求输入准确的词汇，在大量的图片中选择出需要进一步发展的设计图片。

可见，AI 设计就是指基于设计需求，利用 AI 算法和云计算等强大的计算功能，由计算机生成数以千计的设计方案，最终由设计师选择确定最终方案。例如，某工业设计师分享了使用 AI 软件生成一款运动鞋的步骤。

步骤一：在 Hyperganic 软件生成一款带有波浪形鞋底的运动鞋设计，并且根据所生成的矢量图，利用 AI 推测出鞋的侧面外观 (图 8-4)。

步骤二：利用 AI 在 2D 设计工具上通过更改 2D 设计，自动生成 3D 的中底文件和可供生产的模具，根据已生成的矢量图生成一个简单的鞋底模型，进行模具制作 (图 8-5)。

步骤三：通过 DALL · E 在鞋底模型上输入提示词，生成多样化的鞋底纹理 (图 8-6)。

图 8-3　DALL · E 生成的设计图

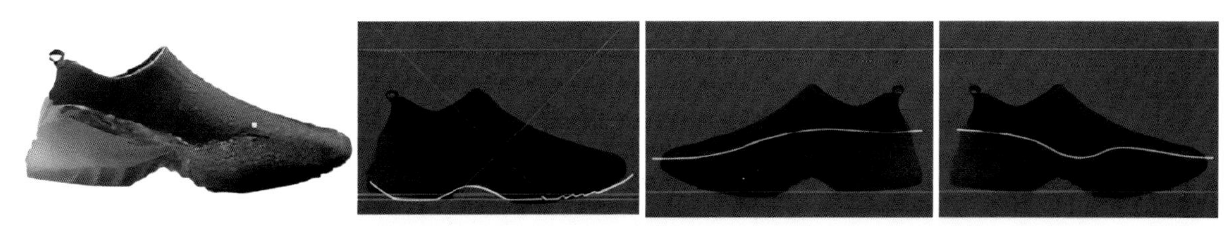

图 8-4　步骤一

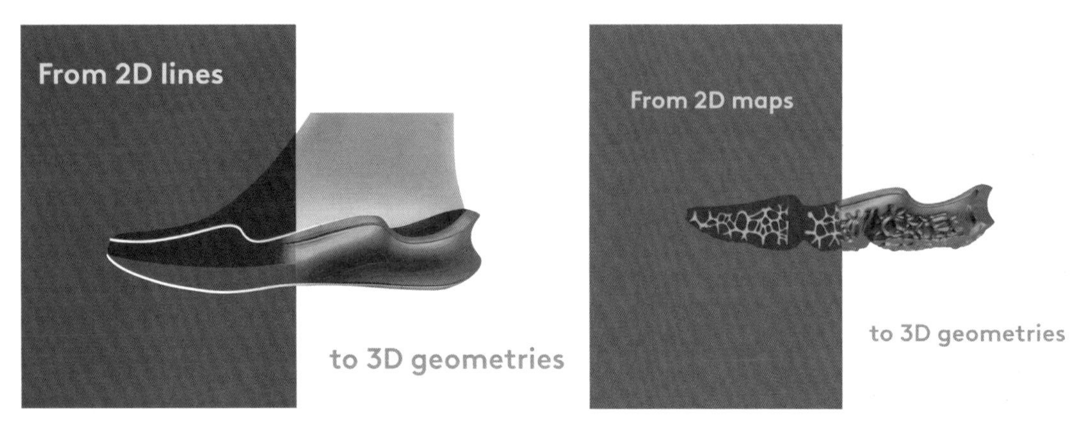

图 8-5　步骤二

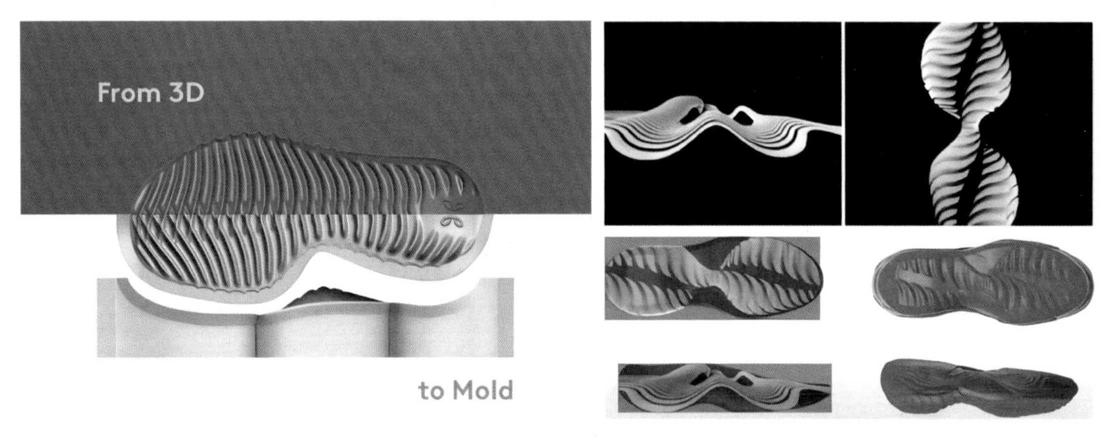

图 8-6　步骤三

步骤四：选择合适的设计后，对所生成的 3D 模型进一步渲染，生成完整的产品图（图 8-7）。

步骤五：利用 AI 软件设计出鞋的模型，通过 3D 打印技术快速打印出成品鞋（图 8-8）。

在鞋的生产过程中，企业可以使用 AI 技术实现自动化生产，提高生产效率和产品质量。AI 可以通过机器视觉技术检测鞋子的质量问题，如缝线是否牢固、鞋底是否平整等；还能对材料的耐久性等因素进行分析，帮助设计师选择最合适的结构和材料。像 Adidas 等品牌早已建立全自动智能工厂，采用“智能机器人”技术制造鞋子（图 8-9）。

在整个过程中，设计师使用 AI 软件大大缩短了产品从设计到生产的流程，能够在一天之内，将设计理念转化为可供生产的模具，乃至一双成品鞋。AI 可以通过智能化的算法分析消费者的需求和喜好，为企业提供更加精准和高效的营销服务；还可以提供个性化定制设计，由此消费者可以对鞋的图案、颜色等进行定制（图 8-10）。

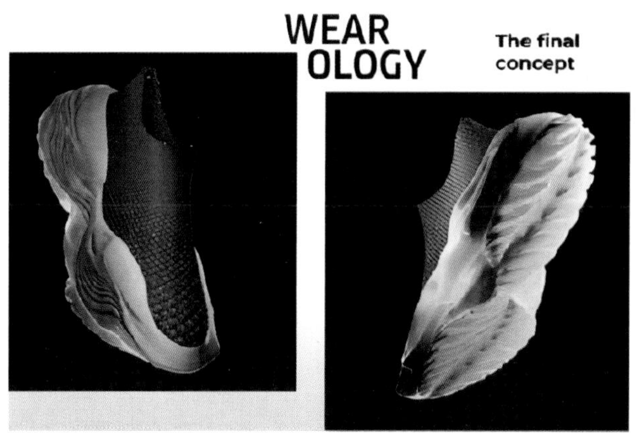

图 8-7　步骤四

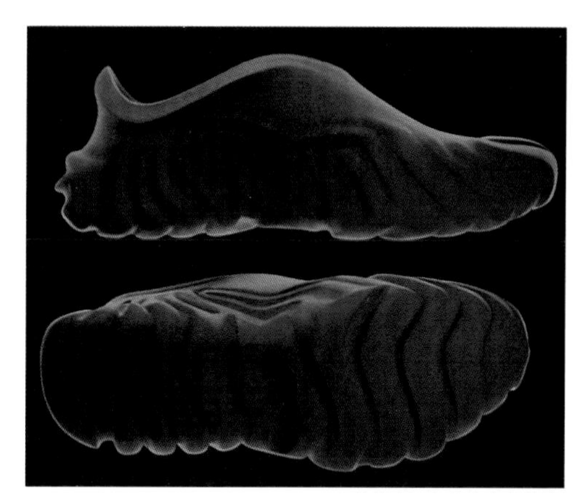

图 8-8　步骤五

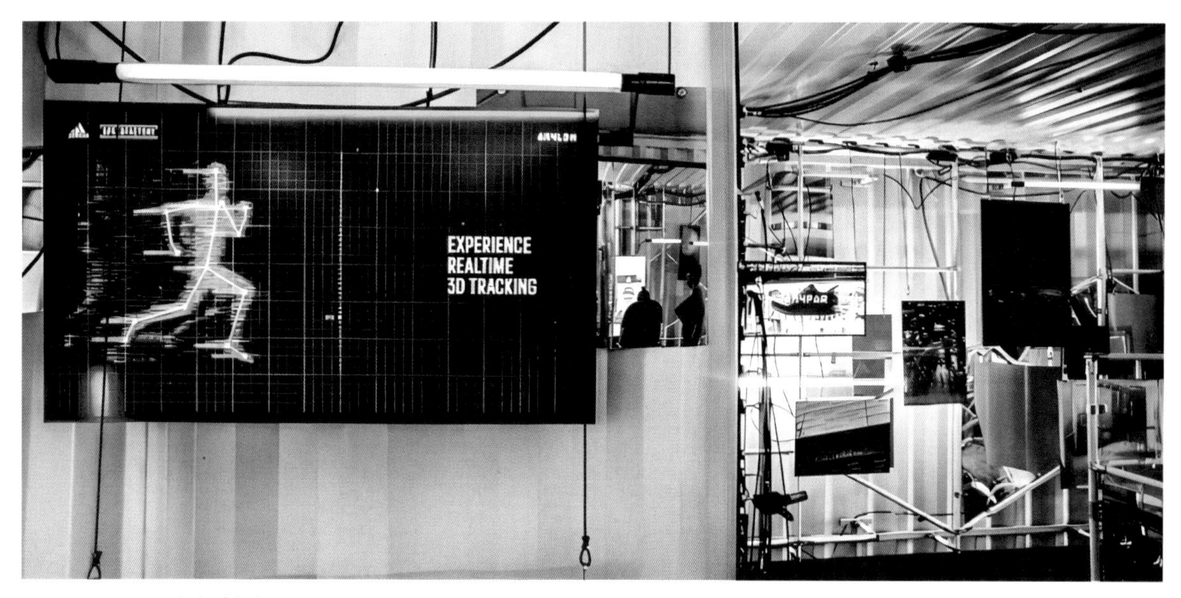

图 8-9　Adidas 全自动智能工厂

图 8-10　个性化设计

8.1.2 AI 在工业设计领域多元化的应用

8.1.2.1 AI 在产品设计环节中的运用

怎样运用 ChatGPT 和 Midjourney 软件生成一款工业设计呢？下面以机电设计为例。

步骤一：通过固定的指令，给 AI 一个身份，让它作为一位资深工业设计师；接下来，询问它“根据市场需求设计一款家电，你认为应该怎样设计？”得到回复（图 8-11）。

步骤二：用搅拌机来举例，向 AI 询问具体的关键词，第一次的关键词输出并不理想，需要优化（图 8-12）。

步骤三：第一次调教，告诉它去掉非必要的词汇，只保留外观描述部分，输出结果依旧过于概括，需要进一步优化（图 8-13）。

步骤四：第二次调教，告诉它需要具体的方案，如材质、颜色、造型等，多次调整后，这次的输出结果相对比较让人满意（图 8-14）。

步骤五：第三次调教，告诉它继续整理优化文案，输出结果（图 8-15）。

步骤六：生成文字方案后，在 Midjourney 中输出设计方案，选择“/imagine prompt”，将生成的关键词以英文输入，点击发布（图 8-16）。

步骤七：出图后选择最好的方案，也可以选择 U4，将选定的方案单独放大处理，输出相应的高清大图，还可以随意变换输出图片的尺寸（图 8-17）。

基于目前市场的需求和趋势，我认为可以考虑设计出一款功能强大、多样化的厨房小家电产品，例如，多功能搅拌机或智能电饭煲等。这类产品可以满足人们对健康饮食和便利生活的需求，具有很大的市场潜力和发展前景。同时，还可以考虑加入一些新颖的设计元素，如智能控制系统、个性化的配色方案等，以吸引更多消费者关注和购买。

图 8-11 步骤一

好的，以下是我对这款搅拌机的外观的描述。

这款搅拌机采用现代简约的设计风格，整体呈现出流畅的曲线和平滑的表面，营造出一种时尚、高档的感觉。产品外壳使用高质量的塑料材料制作，表面采用磨砂处理，以增强质感和视觉效果。搅拌机的操作面板设计简洁明了，配备LED指示灯，让用户可以直观地了解搅拌机的运行状态，搅拌机还配备一个大容量的玻璃杯身，杯身上印有流量刻度标志，方便用户量取所需食材。搅拌机的刀片采用高品质不锈钢材质制作，具有耐用性和耐腐蚀性，可轻松处理多种食材，实现多种不同的功能，例如，搅拌、打碎、绞碎等。整个产品的设计注重人体工程学，握持时手感舒适、稳固，使用起来更加方便和舒适。

图 8-12 步骤二

好的，以下是我对这款搅拌机的外观的精准描述。

这款搅拌机的外壳整体呈流畅的曲线，采用磨砂塑料材质，表面平滑，质感出众。搅拌机的操作面板简洁明了，上面配备一排按钮和LED指示灯，显示搅拌机的运行模式和状态。搅拌机的玻璃杯身容量较大，印有流量刻度标志，方便用户量取食材。刀片采用高品质不锈钢材质制作，可实现搅拌、打碎、绞碎等多种功能。整个产品设计符合人体工程学，握持时手感舒适、稳固，使用更加方便舒适。

图 8-13 步骤三

非常抱歉，我理解了你的需求并会更加具体地描述这款搅拌机的外观。

外壳：采用高质量磨砂塑料材质制作，整体呈现流线型，配备磨砂金属镜面贴花装饰。

颜色：外壳颜色为亮白色。

操作面板：采用简洁明了的设计，配备大号按钮和LED指示灯，显示搅拌机的运行模式和状态。

杯身：采用高品质玻璃材质制作，容量为1.5L，印有流量刻度标志，方便用户量取食材。

刀片：采用高品质不锈钢材质制作，刀片形状为“U”形，能轻松地搅拌、打碎和绞碎多种食材。

握持手柄：采用抗滑胶材质制作，握持时手感舒适、稳固。

整体造型：产品外观简洁时尚，线条流畅，不失稳重，营造出高档的视觉感受。

图 8-14　步骤四

好的，以下是对这款搅拌机外观的简洁描述。

这款搅拌机外壳采用高质量的磨砂塑料材质，颜色为亮白色，整体呈现流线型，线条流畅，不失稳重，外观简洁时尚，配备磨砂金属镜面贴花装饰。操作面板采用简洁明了的设计，配备大号按钮和LED指示灯，显示搅拌机的运行模式和状态。玻璃杯身容量为1.5L，印有流量刻度标志，方便用户量取食材。刀片采用高品质不锈钢材质制作，刀片形状为“U”形，能轻松地搅拌、打碎和绞碎多种食材。握持手柄采用抗滑胶材质制作，握持时手感舒适、稳固。整体外观时尚简约，符合人体工程学，设计感强，给人高档美观的感觉。

图 8-15　步骤五

图 8-16　步骤六

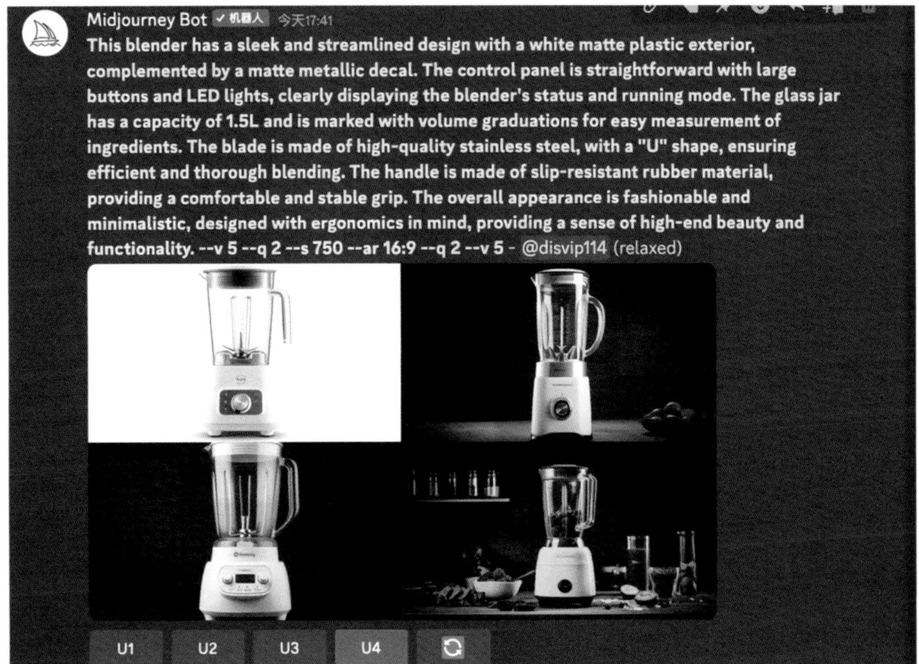

图 8-17　步骤七

8.1.2.2 AI 在产品生产制造环节中的运用

生成设计方案后，进入生产制造环节。在工业设计生产制造领域，AI 的应用主要包括以下 9 个方面。

(1) 智能决策。在产品质量检测、运营管理、能耗管理等方面，企业可以应用 AI 技术，结合大数据分析，优化调度方式，提升决策能力。通过数字孪生技术，企业可以建立一个实时更新的、现场感极强的“真实”模型，用来支撑物理产品生命周期各项活动的决策（图 8-18）。

(2) 自动化生产。机器人自动化生产是 AI 在工业设计领域的一大应用。AI 技术能够自动化控制，根据输入的指令自主执行由传感器、执行器等组成的操作流程，不需要人工干预（图 8-19）。

(3) 智能分拣。生产制造中有许多环节需要分拣作业，如果采用人工作业，速度缓慢且成本高；但采用工业机器人进行智能分拣，可以大幅降低成本、加快分拣速度（图 8-20）。

(4) AI 质检。越复杂的设计，对零件精度、品质要求就越高，企业利用机器视觉技术来检测产品，不仅可以快速完成产品的质量检测，而且只需要补充少量数据就能应用到新产品的外观检测上（图 8-21）。

图 8-18 数字孪生智能制造的虚拟工厂

图 8-19 自动化生产

（5）3D 打印。AI 可以更好地分析材料的物理性质和化学性质，对工艺、损耗等进行分析和监控，得出与生产制造环节相对应的预测，从而提高产品的品质。3D 打印的参与，可以使设计师更轻松地对产品进行多次迭代和优化，在短时间内制作出多个不同版本的原型；帮助设计师快速发现问题并改进设计，从而优化产品（图 8-22）。

图 8-20　智能分拣

图 8-21　AI 质量检测

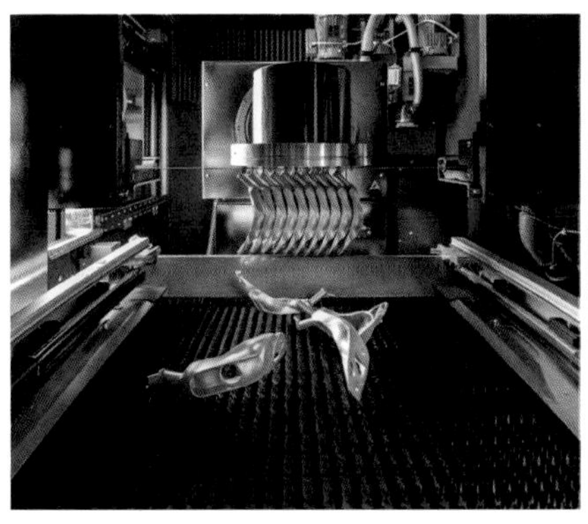

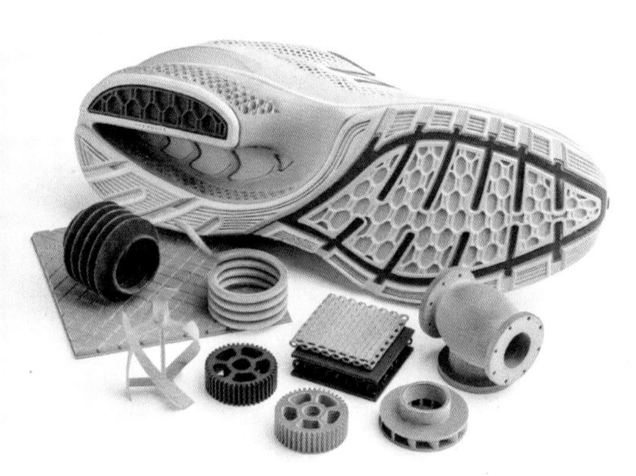

图 8-22　3D 打印的实体原型

(6) 智能维护。AI 技术可以通过实时监测设备运行状态并优化设备维修计划，减少设备更换次数，延长设备寿命，降低设备维护成本。例如，通过传感器跟踪性能和预测分析技术，机器可以学习预测故障，在故障发生之前采取措施补救（图 8-23）。

(7) 智能监控。AI 技术能够帮助安全监控系统更准确地识别和跟踪人员和物品（图 8-24）。例如，机器可以使用图像识别技术来监测火灾和盗窃等安全问题。

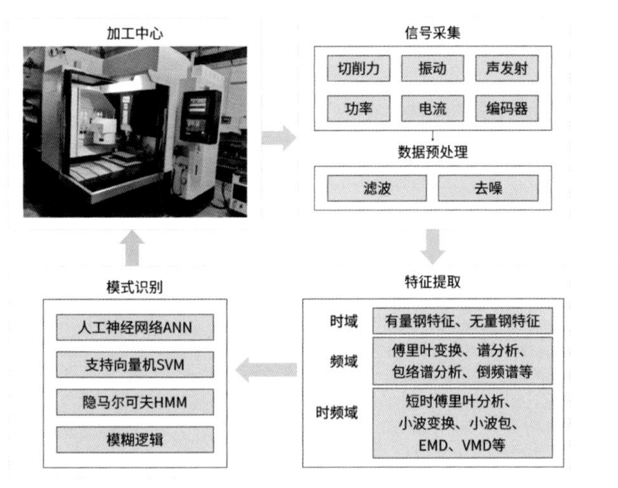

图 8-23　基于深度学习的刀具磨损状态预测

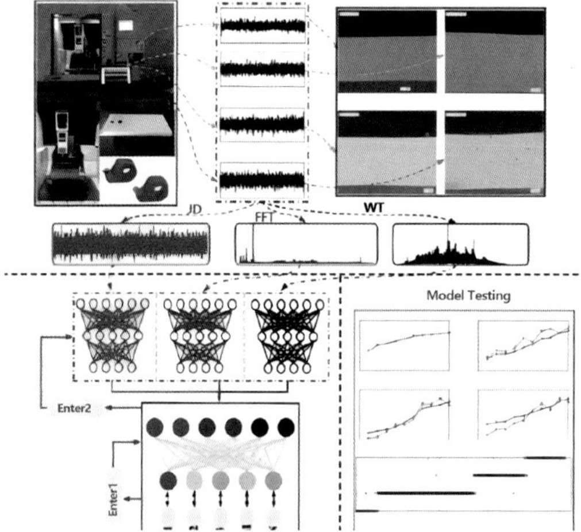

图 8-24　AI 监控系统

(8) 智慧仓储。AI 技术能帮助仓库管理员更有效地管理货物，减少错误和延误。例如，机器使用无人驾驶叉车来自动移动货物，使用语音识别技术来检查货物存储位置（图 8-25）。

(9) 智慧客服。AI 技术还能够帮助客服更快地解答用户问题和提供服务。例如，机器使用自然语言处理技术来理解用户语言，提供相关的解决方案。

总体而言，AI 在工业设计领域的应用不仅可以提高设计效率和创意水平，还可以优化制造过程，提高产品质量，促进可持续发展。

图 8-25　智慧仓储

8.2 建筑设计领域的案例分析

在建筑设计领域，AI 的应用对优化建筑方案、增强结构稳定性和提高能源效率等方面起着重要作用。AI 可以模拟不同的设计选择，帮助建筑公司选择最佳方案。此外，AI 还可以生成室内布局方案，满足功能需求，提高施工效率并增强准确性。党的二十大报告提出：“加快发展数字经济，促进数字经济和实体经济深度融合，打造具有国际竞争力的数字产业集群。”从下面的案例我们可以看出 AI 技术在建筑设计中的应用是推动数字经济发展的重要一环。

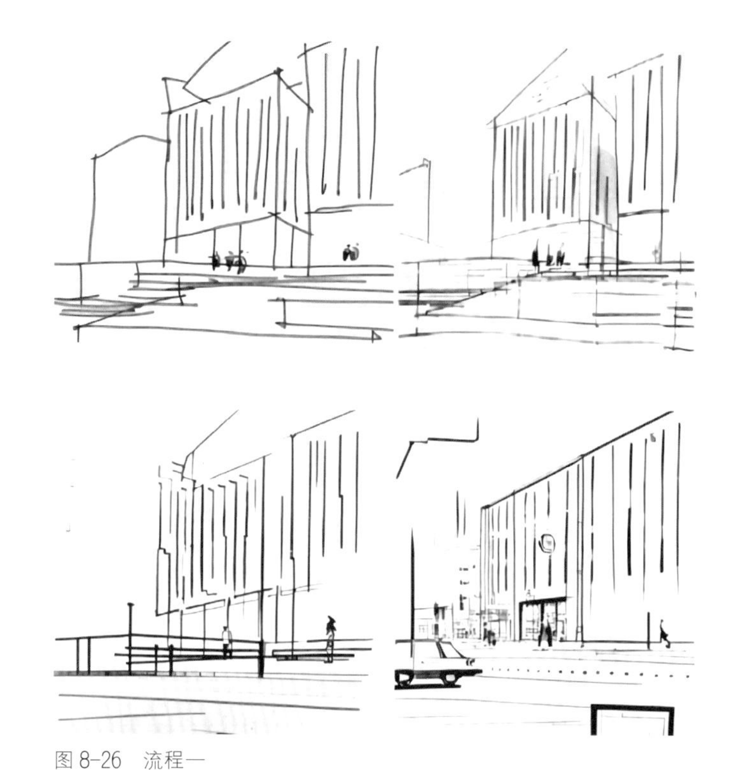

图 8-26　流程一

8.2.1 AI 生成建筑设计概念图

在建筑设计领域，AI 也发挥着重要作用，可以分析大量的建筑设计数据、市场需求和用户反馈，生成各种可能的设计方案；可以作为自动化设计工具，帮助设计师快速地绘制图纸、生成模型和最终效果图。例如，AI 可以根据设计师的文字描述或手绘草图，配合关键词经过多次输入，生成不同风格和材质的结果，最后生成满足需求的建筑设计实际图片（图 8-26 ～图 8-30）。

在 AI 建筑设计中，算法根据本地数据和全球建筑资讯进行学习和优化，进而生成独一无二的设计方案，设计师可以通过 AI 来实现自己的创意。例如，建筑设计师 Kaveh Najafian 利用 AI 可视化了一系列用羽毛和极简主义金色外墙装饰的凡尔赛宫，这个建筑设计名为“飞行的凡尔赛”系列（图 8-31）。这是一个迭代过程，通过不断调整和仔细修改文本提示，使画面更准确。

图 8-27　流程二

图 8-28　流程三

图 8-29　流程四

图 8-30　流程五

图 8-31　“飞行的凡尔赛”系列

又如，另一位设计师 Manas Bhatia 的“AI × 未来城市”系列图像探索了在全球城市化快速发展之后打造可持续基础设施的可能性（图 8-32～图 8-33）。在 AI 的帮助下，设计师想象了一个未来的可持续的乌托邦城市，高耸的摩天大楼立面被藻类包围，绿色建筑被想象成未来的亲生物型空气净化塔。

为达到好的视觉效果，设计师输入了描述性关键词和短语，包括共生的、仿生的、由藻类和生物发光材料制成的流动公寓、在未来城市中充当空气净化塔、高清晰度、高质量、超真实和照片真实等关键文本，最后输出图片。

图 8-32 “AI × 未来城市”系列

图 8-33 未来的亲生物型摩天大楼

Manas Bhatia 提出，使用 AI 可以更好、更有效地规划摩天大楼等未来建筑。AI 允许同时生成和测试多个不同的解决方案，这节省了时间和成本。很明显，随着 AI 的发展，它将改进并绘制详细的建筑图纸，这将显著提高建筑设计的效率，帮助建筑师探索新的设计想法，且不用花太多时间来考虑他们的愿景如何实现。

8.2.2 AI 助力建筑设计智能发展

AI 能够通过对大量的建筑图纸进行学习及分析，在考虑经济性、科学性、舒适性等指标的同时，判断建筑布局方案的优劣，辅助设计师规划建筑布局，找到建筑空间规划的最优解（图 8-34）。

通过 AI 深度学习算法，计算机可以识别建筑总图地块中多种楼型的复杂组合与排布方式，自动生成与多个楼型适配的景观方案，同时能够快速生成附带景观的多种风格的彩色项目总图，更生动地表达建筑设计方案（图 8-35）。

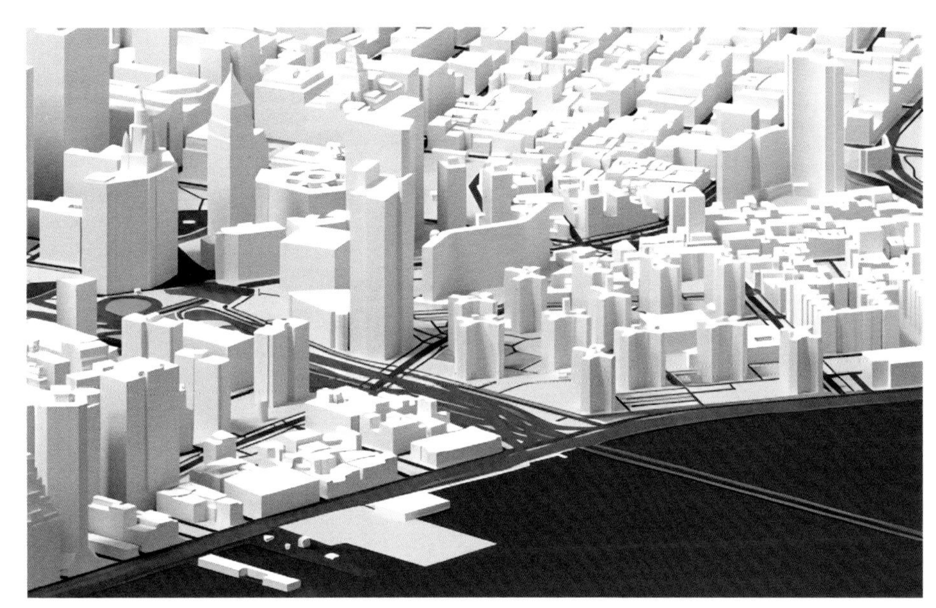

图 8-34　AI 生成建筑布局规划图

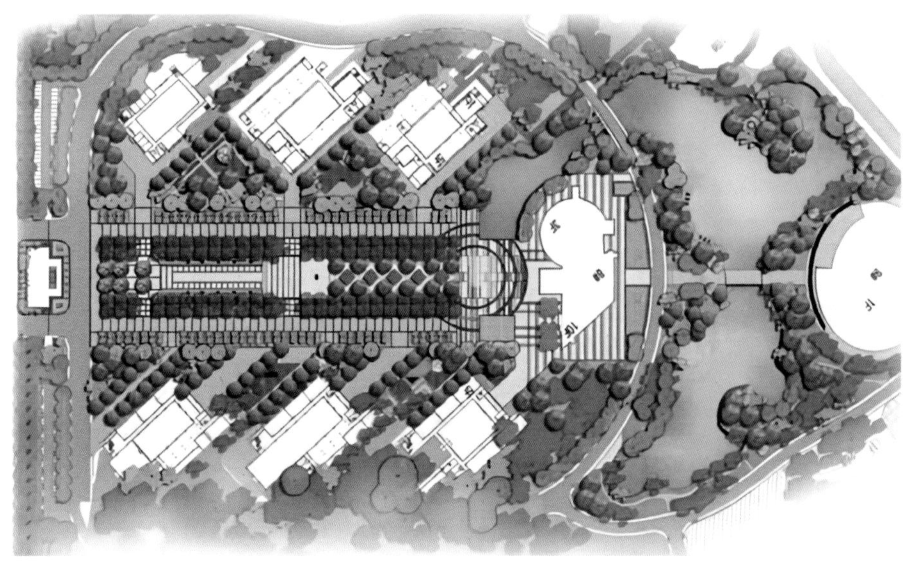

图 8-35　AI 生成彩色项目总图

计算机根据目标户型的大致轮廓和简单的参数，能快速在户型库中进行AI图形匹配，生成数十种满足要求的户型方案，既能满足轮廓要求，又能满足参数要求（图8-36）。

计算机识别出停车场的轮廓信息后，利用深度强化学习，实现停车位的自动排布设计，给出多个车位排布方案及对应的车位指标数据，排布出更多的停车位，并且生成停车场设计图（图8-37）。

在建筑限制条件下，计算机通过AI对初步结构计算模型进行识别与分析，实现构件截面尺寸智能择优、不同结构体系比对，将衍生出的所有潜在方案进行计算分析，对比后产生最佳方案，控制成本的同时保证安全的结构优化（图8-38）。

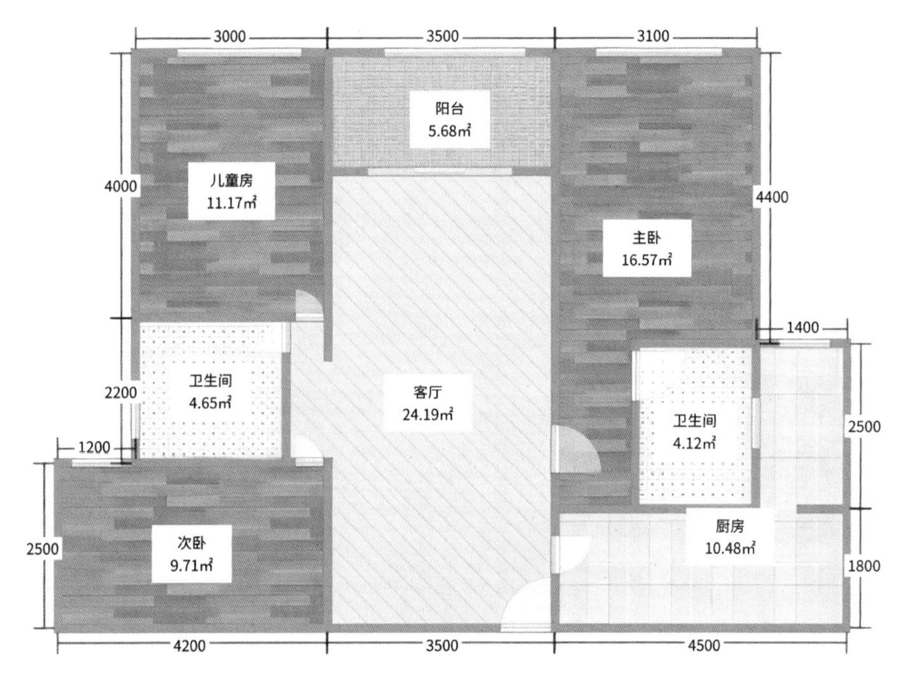

图8-36 AI生成户型图

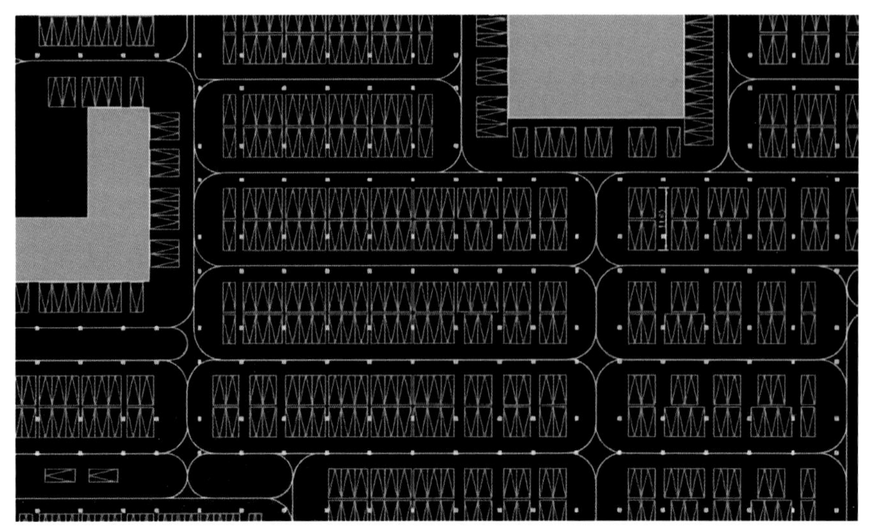

图8-37 AI生成车位排布图

利用 AI 技术可以自动生成机电管线路径，确保机电管线的路径不和建筑、结构发生碰撞。基于设备库中的设备实际参数，AI 可以结合设计能耗、舒适度指标、空间分区，通过机器学习完成设备的自动选型，做到机电管线的合理布局（图 8-39）。

通过建立建筑设计绘图知识库，利用 AI 技术给出绘图的优化建议，设计师可以保证图纸质量，大幅缩短设计周期。同时，基于建筑出图知识库，AI 会推荐出图逻辑与方案，在图纸中自动绘制标准化图框、构件等并进行深化（图 8-40）。

这些案例展示了 AI 在建筑设计领域的广泛应用，从优化设计方案到提高建筑能源使用效

图 8-38 AI 生成模型图

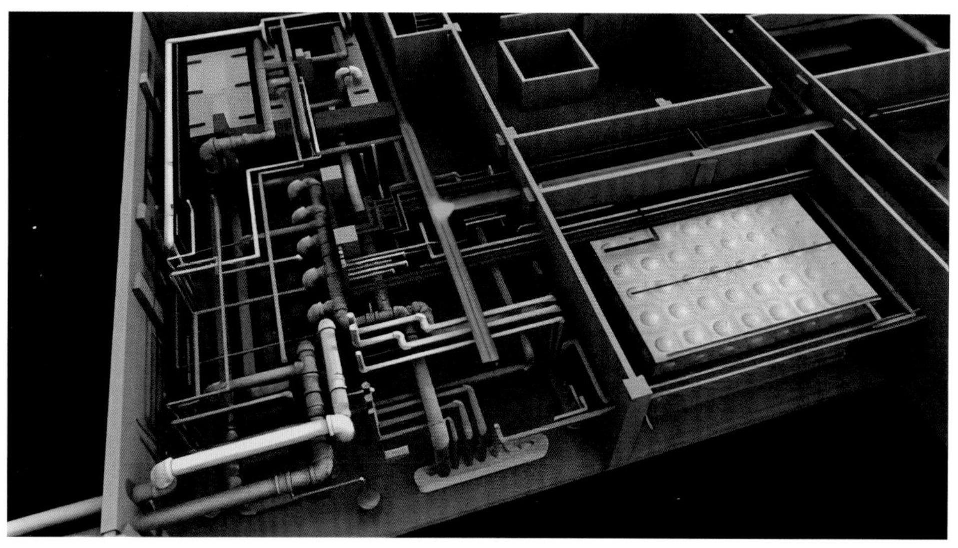

图 8-39 AI 生成机电管线路径图

率和管理建筑运行，AI 都能够为建筑行业带来更高效、智能和可持续的解决方案，把计算机擅长的重复、低智能、迭代工作发挥到极致。未来的建筑设计也能够通过 AI 把设计数据、设计方法和标准规范串联起来，为建筑设计提供一体联动能力，打通数据壁垒、实现信息的有效传递和共享，让 AI 赋能建筑设计，促进设计和管理的精细化。

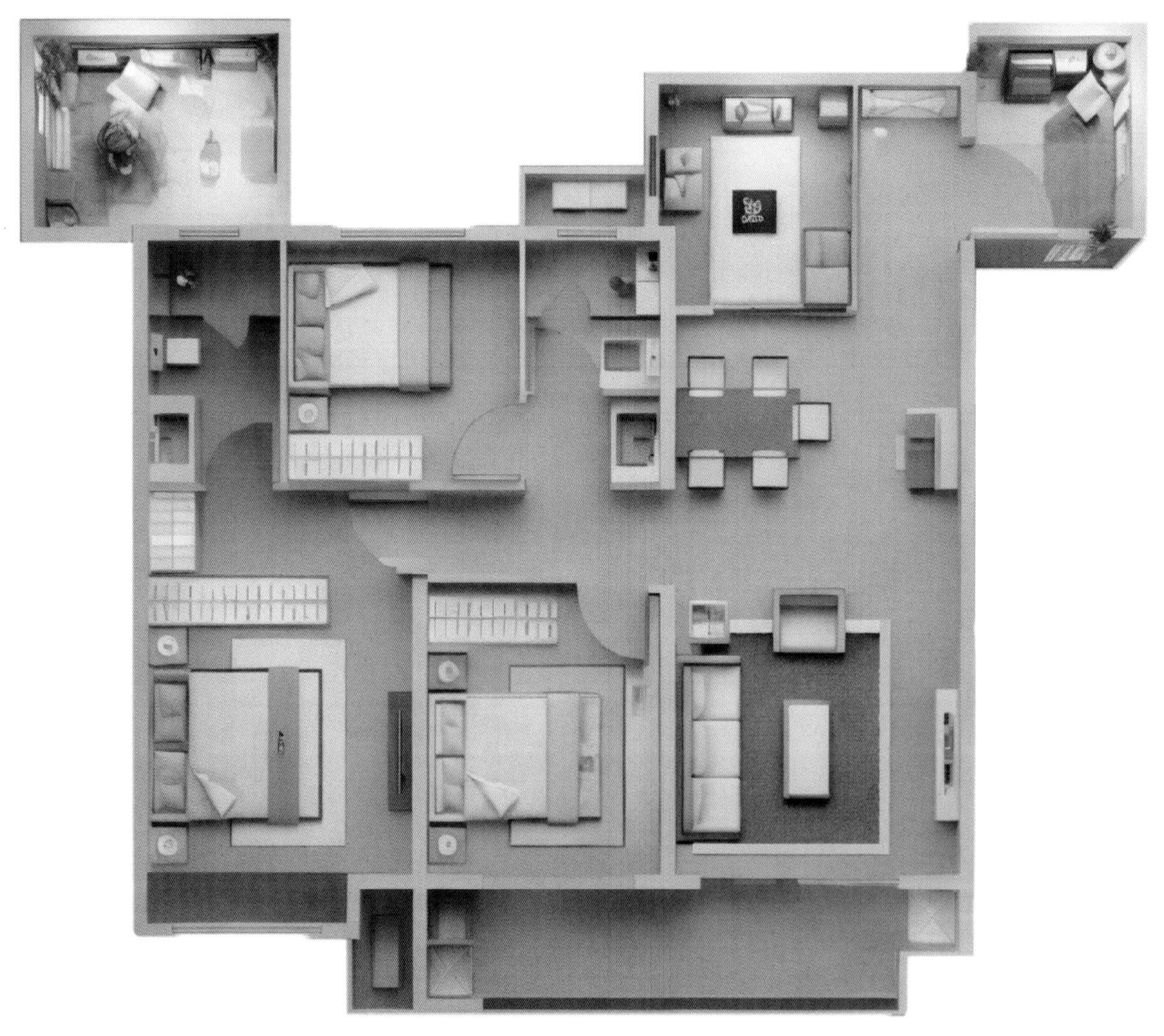

图 8-40 AI 绘图

8.3 数字媒体设计领域的案例分析

党的二十大报告提出，“推进文化自信自强，铸就社会主义文化新辉煌”“激发全民族文化创新创造活力，增强实现中华民族伟大复兴的精神力量”。

AIGC 是一种新型的内容创作方式，它继承了专业生产内容（Professional Generated Content，PGC）和用户生成内容（User Generated Content，UGC）的优点，并且充分发挥技术优势，打造了全新的数字内容生成与交互形态。随着科技的不断发展，AI 写作、AI 配乐、AI 视频生成、AI 语音合成，以及最近非常热门的 AI 绘画等技术，在创作领域引起了广泛讨论。本节将结合一些比较热门的 AIGC 在数字媒体设计领域的应用案例，阐述 AIGC 技术的应用价值。

8.3.1 平面媒体案例

案例一：麦当劳

麦当劳向大家展示了一组“M 记新鲜出土的宝物”（图 8-41）。诸如巨无霸青铜器汉堡、传世宝玉薯条、青花瓷可乐、亮晶晶薯饼、白玛瑙黄金麦乐鸡、黄金麦辣鸡翅……这些都是由麦门铁粉“@ 土豆人”使用 AI 技术创作的“千年前的麦麦宝藏”。

从造型来看，陈列在玻璃展示盒里的一众麦当劳“传家宝”在延续经典菜品的基础上，

图 8-41　“M 记新鲜出土的宝物”

还多了不少文物的印迹。以 AI 为工具实现古老文物和现代快餐的碰撞，让麦当劳的前世今生得以展现，“麦麦博物馆”里的每一件“古董”都让“麦门信徒”直呼“麦门永存”，麦当劳也在官方微博直呼“古代存在麦当劳的证据找到了”。

案例二：飞猪旅行
国内旅游出行服务平台飞猪在上海、杭州两大城市地铁投放了一组由 AI 创作的海报（图 8-42）。14 个全球旅行目的地，多种风格，通过 AI 展现了“奇妙和酷”。

从景点选择思路上看，一方面，海报所聚焦的国家和城市，是攻略必收的知名去处，带有一定的传播度与记忆点；另一方面，海报场景的提炼，贴近了不同国家和城市的在地化特色。在这个过程中，飞猪团队认为 AI 的两个价值在逐步释放，一是在内容创作阶段丰富了创意的可能性，补充了人的想象力，无疑，视觉上的明亮色彩、奇幻风格，是 AI 海报想要创造情境体验的重要手段；二是提高了执行阶段的效率，解放部分生产力。虽然在此过程中会出现大量不契合设想的废稿，但 AI 也给到了一些惊喜和思路。

案例三：美团优选
美团优选曾在广东汕头上新了一组由 AI 绘制的“省钱少女漫”户外广告，这也是中国首个由 AI 绘制的户外广告。美团优选在汕头目标区域的候车亭、公交车、电梯、社区门口、团点位置投放了平面广告，将汕头街头改头换面，频频吸引路人目光。这组“省钱少女漫”户外广告共 10 幅，设定了 10 组可爱的省钱人物角色，夸张地描绘了 10 种让人食欲爆发的晚餐场景（图 8-43）。

案例四：THE NORTH FACE
THE NORTH FACE 团队在 2023TNF100 千米越野跑开赛前，思考了一个问题——重回山野的理由。作为创意代理商的 FRED&FARID 则把问题抛给了无所不答的 ChatGPT 与 Midjourney，他们得到了一万个答案。借助 AI 的力量，FRED&FARID 制作了一条长达 2 小

图 8-42　飞猪旅行广告海报

图 8-43 美团优选用 AI 绘制的户外广告

时 42 分钟的视频并在微博发布。同时，他们利用 Midjourney，延展出了“一万个重回山野的理由”系列海报（图 8-44）。

“一万个重回山野的理由”系列海报用一种略带黑色幽默的方式告诉人们，算法能给出上万理由，但只有人类才能用脚步丈量山野，才能真正沉浸在大自然中，用心灵和身体去体验它。通过这个推广活动，THE NORTH FACE 鼓励更多人拥抱山野、感受自然、不断探索。

图 8-44 “一万个重回山野的理由”系列海报

案例五：伊利乳业

蓝色光标作为伊利多年的营销合作伙伴，又一次开启脑洞，让 AI 技术和伊利纯牛奶包装碰撞融合，发布了 6 款风格不同但视觉效果都无比炸裂的牛奶包装设计，在被媒体分享到小红书平台之后，引发消费者讨论：“这是牛奶还是艺术品？”

这次包装创作不仅仅是设计水平的展示，更是文化内涵和文化自信的体现。设计灵感源泉丰富多样，融合了中华优秀传统文化元素；同时，也吸纳了现代艺术风格，将传统与现代融合。

包装创作一共基于 6 个主题产出了过百款创意设计，除了自然生命方向，还有基于科技感、自然生机、东方美学等不同概念生成的包装设计（图 8-45）。虽然主题各不相同，但无一不是对传统牛奶包装概念的颠覆性升级，在功能性之外，为牛奶包装增添了美感和惊喜感。

8.3.2 网络媒体案例

随着 AIGC 技术的不断成熟，互联网行业的许多领军企业纷纷将其运用到实际项目中。其中，网易 ASAK 等多个大厂设计团队将 AI 工具融入自己的业务，取得了令人惊喜的成果。在网络媒体领域，AIGC 已经被广泛应用于 IP 形象设计、活动弹窗设计和主视觉界面设计等方面，极大地提高了工作效率，优化了任务周期。下面将深入探讨这些企业在不同项目需求中对 AIGC 技术的实际应用案例，为读者呈现其在创新和实践中的价值和意义。

案例一：AI 辅助 IP 形象设计

在设计 IP（Intellectual Property）形象前期，首先需要确定 IP 形象的应用场景，根据应用场景来确定 IP 形象的角色动作。在这个阶段，可以利用 Stable Diffusion 输入相关动作的关键词，以获取灵感参考。下面以网易大神 IP 霸哥为例，演示如何用 Stable Diffusion 制作 IP 素材（图 8-46）。

（1）绘制角色动作线稿。确定角色动作后，开始绘制角色的草图线稿；例如，给霸哥设定的动作是单手持玩具枪，眼神坚毅地望向前方；草图线稿应较为干净连贯，以确保 AI 识别完整，避免输出错误。

（2）选择并下载合适模型及插件。结合 IP 形象特点，有针对性地选择模型和插件；考虑到霸哥形象整体呈圆形，风格偏可爱，可以在 C 站（Civitai）上选择相应模型，本案

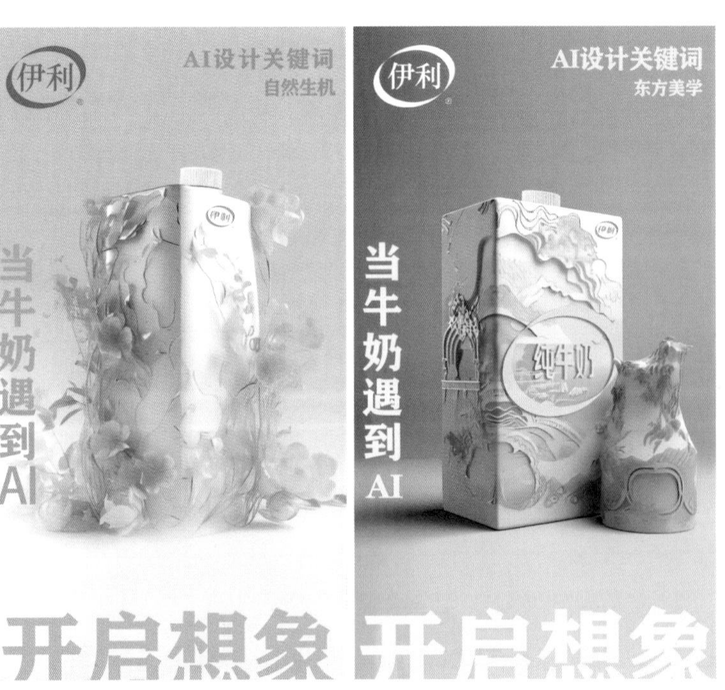

图 8-45 伊利乳业 AI 包装设计

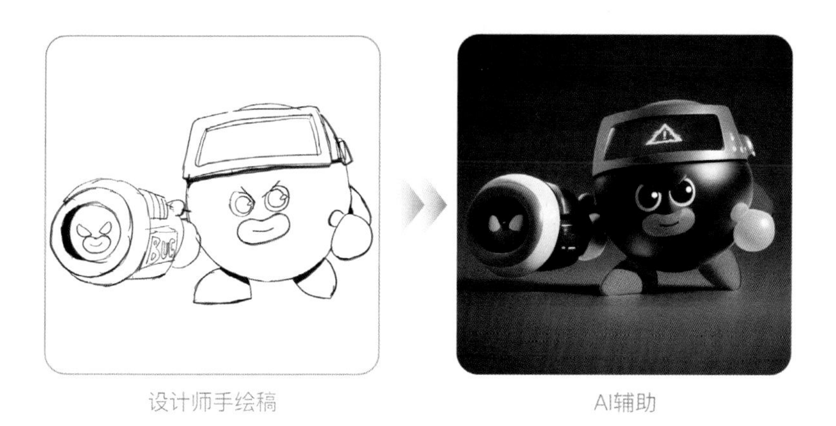

图 8-46 草稿图与 AI 辅助结果图

图 8-47 C 站参考模型

例选择的大模型是 Meina Mix，LoRA 插件是 BlindBox（图 8-47）。

（3）设置 ControlNet 面板。安装并部署好 ControlNet 插件，在文生图界面找到 ControlNet，上传绘制好的线稿草稿并勾选“启用”；如果线稿图片背景为白色，可以勾选“反色模式”（图 8-48）。

（4）输入关键词并设置参数。关键词如下。

Prompt：(masterpiece)，(best quality)，(ultra-detailed)，black body，thick red lips，The body is a black ball with thin arms，wearing white gloves on its hands，It has round black eyes，and short legs with red shoes，Wearing a display screen on the head，Holding a toy gun in its hand <lora：blindbox_V1Mix：1>

Negative prompt：(worst quality，low quality，medium quality：1.4)，low-res，(bad_prompt_version2：0.7)，easy negative，bad-hands-5，red hands，white shoes，EasyNegative，text，blob

关键词主要描述了霸哥的形象特征，包括身体颜色、手脚颜色和嘴巴特征。负面关键词则是指不希望出现在画面中的内容。双向关键词可以让生成的画面更符合预期。在采样方法上，由于希望生成三维模型，选择了偏向写实风格的 DPM++2MKarras（当然，这不是唯一的采样方法）。对于其他参数，并没有特定要求，例如，给关键词打上括号可以对特定特征增加权重，具体可以根据输出图片的效果进行灵活调整。

(5) 产出图片 / 后期调整。前期出图可能效果会有些偏差，这时候可以灵活调整一些参数，并且多生成几次。挑选出最接近霸哥形态的图片进行后期处理即可(图 8-49)。

案例二：AI 辅助活动弹窗设计

(1) 使用 ChatGPT 生成产品关键词。在进行活动弹窗设计的流程中，首先需要明确需求，要求高级、质感华丽并具有视觉冲击力；可

图 8-48 ControlNet 操作界面

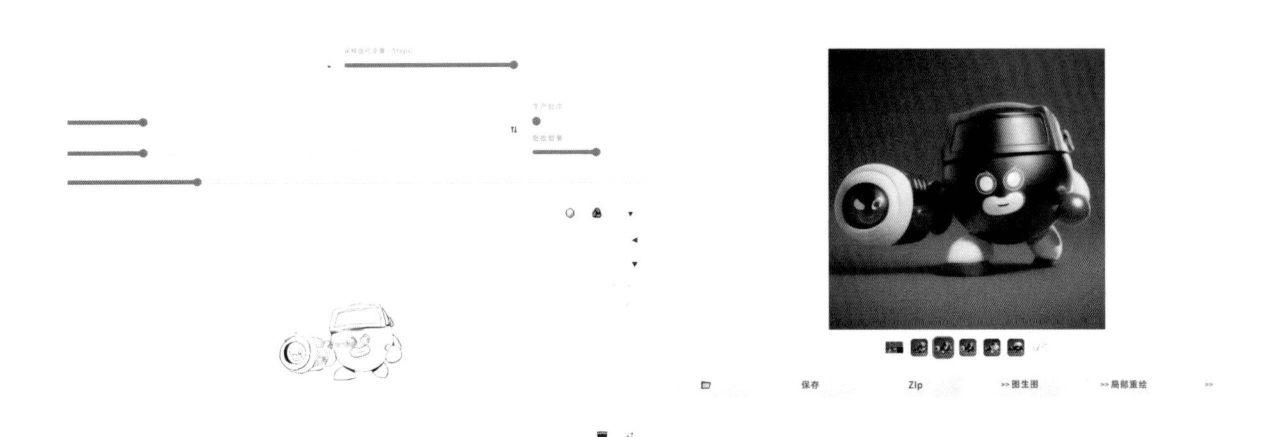

图 8-49 IP 形象示意图

以通过 ChatGPT 获取弹窗设计的思路，从多个角度进行设计，使设计方案更加完善（图 8-50）。

周 互联网产品弹窗怎么设计可以让用户觉得更高级

以下是几个设计互联网产品弹窗让其看起来更高级的建议。

1. 简洁明了：弹窗的设计应该简洁明了，不要过于花哨，因为高级感往往来自简约和精致的设计。
2. 颜色搭配：颜色搭配是非常重要的，可以选择具有高级质感的颜色，如黑色、白色、金色、银色、灰色等；颜色搭配要注意搭配的协调性和整体感。
3. 字体设计：在弹窗的设计中，字体设计也非常重要，可以选择比较高级的字体，如宋体、黑体、楷体等，字体的大小和间距也要注意调整。
4. 布局设计：弹窗的布局设计要注意合理和美观，可以采用对称的设计方式，让弹窗看起来更加整洁和美观。
5. 动态效果：在弹窗的设计中，可以添加一些动态效果，如淡入淡出、弹跳、旋转等，这些动态效果可以让弹窗看起来更加生动和有趣。
6. 图形元素：可以在弹窗中添加一些优美的图形元素，如线条、图案、图标等，这些图形元素可以让弹窗看起来更加高级和精致。

总之，具有高级感的互联网产品弹窗需要简约、精致、高质量的设计，通过优秀的设计和精细的处理来展现其高级感；同时，还要注意颜色搭配、布局设计、字体设计等方面的细节处理。

图 8-50　Chat-GPT 问答截图

（2）提取关键词。ChatGPT 分析后，我们可以提取关键词：黑金、高级感、精致、质感；为了进一步丰富元素，可以添加宝石、荣耀感、坚硬感等关键词；为了增强立体感，可以加入 3D 和三维渲染器等关键词。

转化成对应的英文后，关键词和负面关键词如下。

Prompt：Shining gemstone，high class，noble sense，glory sense，3D，hard，diamond，Octane Render

Negative prompt：Low saturation，deformity，sketch，blur

（3）使用 Stable Diffusion 图生图功能。将初稿中的钻石图放入 Stable Diffusion 的图像生成功能中；输入关键词，将重复幅度调整至 5 以下，反复进行批量生成，然后筛选出符合要求的结果（图 8-51）。

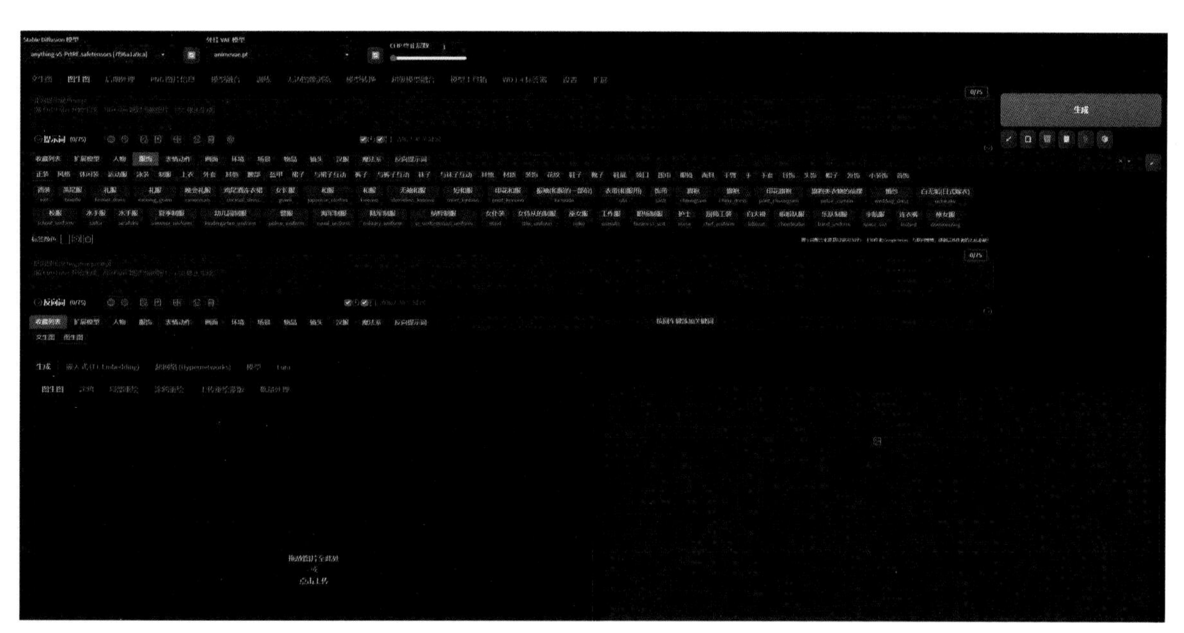

图 8-51　使用 Stable Diffusion 功能截图

(4) 后期调整优化。利用 Stable Diffusion 生成具有更高质感和高级感的设计主体元素，从而节省大量细节设计的时间；后续只需添加背景和细节信息，即可完成具有出色视觉效果的设计稿并可直接投入使用（图 8-52）。

案例三：AI 活动主视觉界面设计

3D 插画具有强烈的视觉冲击力，高度可视化的效果能够增强设计的真实感并提高美观度，更好地满足用户的视觉需求，在商业设计中被广泛应用。然而，其学习成本较高，渲染速度慢，设计师使用时往往需要投入更多时间和精力；因此，尝试使用 AI 绘制活动主视觉图，应用在商业设计流程中，以提高团队效率。下面这个案例涉及酒店推广活动，需要设计一个活动页面，要求主视觉图色彩明亮，设计具有张力，采用 3D 画风，以吸引用户注意。

(1) 关键词定义。根据需求可以构想一个画面，在俯视视角的场景中，使用浅黄色和浅橙色的色调，运用彩色卡通和玩具主义的风格，结合 C4D 风格，营造出独特的酒店元素，那么与描述相对应的英文关键词如下。

Prompt: Hotel poster, light yellow and light orange style, top view, colorful cartoon, toyism, C4D style--q 2 --v 5

(2) Midjourney 生成图片。在 Midjourney 中输入关键词，选择符合预期效果的视觉效果，保存后进行手动调整和优化，包括抠图和调色等细节调整，以便后期项目使用（图 8-53）。

(3) 项目落地。对 Midjourney 生成的图片进行后期处理，加上文字和装饰元素，得到最终效果图，实现完整的落地页效果。

该设计质量非常高，同系列的机票活动也使用了 AI 辅助主视觉设计，极大地提高了工作效率（图 8-54）。

初稿　　AI辅助　　终稿

图 8-52　弹窗设计初稿、AI 辅助和终稿

图 8-53　AI 生成图片与后期处理过程

【互动媒体数字政府建设】

图 8-54　实际落地应用效果

8.3.3　互动媒体案例

党的二十大报告指出："要充分运用新技术新应用，强化互动化传播、沉浸式体验，努力扩大工作的覆盖面和影响力，让正能量产生大流量。"因此，公共服务数字化的理念正在与互动数字媒体加速融合，共同推动着政务新媒体传播方式的革新。而在这一背景下，AIGC 作为新兴技术，正为公共服务数字化和政务新媒体注入更多创新力量。AIGC 能够根据用户需求和参与度生成个性化内容，大大增强了传播的沉浸感和参与感，使公共服务数字化传播更具生动性和可塑性。这种多模式的传播形态，不仅丰富了公共服务数字化的表现形式，也拓展了其在文化传播中的潜力和可能性。

案例一：AI 赋能政务新媒体——跨模态智能内容搜索引擎"白泽"
当前部分政府系统政务新媒体转载发布的内容存在敏感错误表述，监管工作仍需完善，而通过 AI 赋能，利用 AI 内容风控中的智能审校、文档校对等功能，则能很好地应对此类挑战。

目前，在内容安全领域，人民中科（人民网与中国科学院自动化研究所共同建设的"人工智能技术引擎”和人才创新平台）依托世界领先的内容理解技术和核心产品跨模态智能内容搜索引擎“白泽”（图 8-55），已面向政府及其他合作者，提供互联网音视频风控系统、内容巡检平台、内容风险检测平台、版权监测平台、隐匿网络监测、党政智能文库等产品或服务。

在使用上，“白泽”无须配置传统内容搜索所需的复杂匹配规则，通过自然语言描述即可快速检索出相同语义的视频，可有效应对新事件和突发事件，不需要依赖大规模算力，资源复用率高。“白泽”不仅可以用于指定主题的自动推荐，也可以进行专题内容的高效采集，还能对融媒体矩阵内容进行巡检核查，实现智能风控。

通过智能化的理解和检索，“白泽”可实现对互联网内容的日常巡查、对可预判的重要事件的提前预警、对舆情热点的监测分析、对行业风险案例的解读分析等，全面提升了舆情研判的能力，有效帮助降低内容风险，保障政务新媒体运营安全。

案例二：AI 助力元宇宙——虚拟数字人

基于深度学习模型、动作模拟、情感模拟等智能科技，AI 只需要采集 2 ～ 5 分钟的真人视频，最快训练 1 小时，即可生成形象逼真、表情到位、口型匹配的数字分身。越接近真人外形的数字人，就越能提供亲切、自然、高效的服务体验，让人产生信任。因此，2D 仿真类数字人往往适合社交、媒体、金融、电商直播、教育等需要“多交流”“高互动”的场景。数字人可以“扮演”主持人、新闻主播、金融客服、导购员、讲解员、直播博主、教师等角色（图 8-56）。

数字人进化的第一个方向是融入会话式 AI 系统（Conversational AI），给传统的 Siri 等虚拟助手、智能客服等聊天机器人一个具象

图 8-55 跨模态智能内容搜索引擎“白泽”

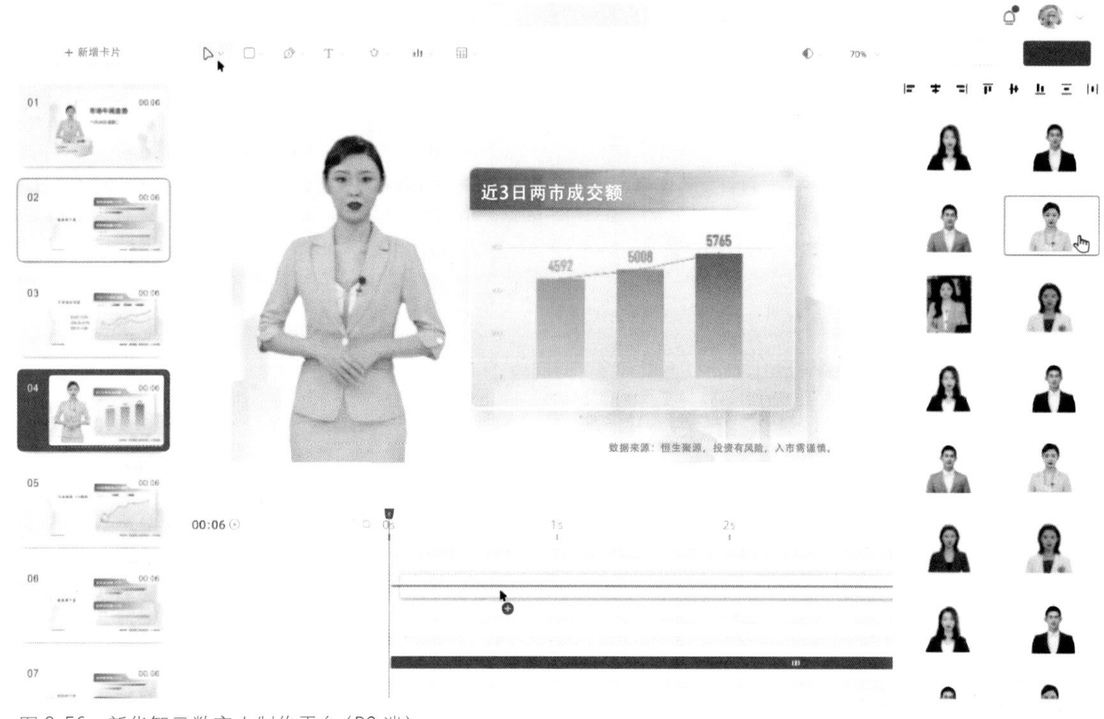

图 8-56　新华智云数字人制作平台（PC 端）

化、有亲和力的人类形象，促进交流中情感的连接。随着线上空间日益丰富，更多的普通用户也希望拥有自己的个性化虚拟形象，因此，数字人进化的第二个方向是制作工具更丰富、更易用。未来，会话式 AI 系统、先进的实时图形处理等技术的结合将使数字人、虚拟助手、虚拟伴侣、NPC 等数字智能体能够逼真地模仿人类的音容笑貌，变得更加智能化、人性化。可以说，数字人等新型 AI 角色将决定 VR、AR、元宇宙等未来互联网应用的体验感和吸引力。

8.3.4　影音媒体案例

案例一：AI 动画创作——《犬与少年》

2023 年，一部动画短片出现在网上。片中，一位少年和一只可爱的机器狗偶然相识、相知，他们的情谊跨越时空。动画背景中出现了人们熟悉的一些场景：白雪皑皑的富士山，海边的小村庄，飘落花瓣的樱花树和颜色浓烈的绿草地。看起来，这是一部典型的、风格温馨的日本动画。而在短片结尾处的字幕中，画师的署名不再是具体的姓名，而是“AI 和全体人类”

这部由日本奈飞（Netflix）和日本 WITSTUDIO、微软小冰公司日本分部（Rinna）共同制作的动画《犬与少年》（图 8-57），是历史上第一部用 AI 技术生成背景的商业动画片。片中的场景绘制工作绝大部分由 AI 完成，而片中的人类和非人类角色——少年和机器狗，则是用传统动画片的手绘方式制作完成的。

案例二：AI 视频广告——可口可乐

可口可乐发布的最新创意广告短片，是以“Real Magic”为创意主题设计的，采用了“AI（Stable Diffusion）+3D+ 实拍”的形式。开篇以实拍的形式，展现主人公身处博

图 8-57 动画短片《犬与少年》剧照

物馆的场景；随后由一瓶可口可乐作为媒介，让名画之间有了互动。实拍、3D 效果和 AI 处理结合，使得名画里的人物“活”了起来（图 8-58）。

这部短片在画面之间的连接过渡处理上，非常顺畅酷炫。经典的可口可乐玻璃瓶，也随着名画风格的不同，变换成不一样的形态来产生互动。整个广告片通过现实与虚拟的无缝衔接，以可口可乐瓶为连接点，展现了一场博物馆里的奇想之旅。短片中包含爱德华·蒙克的《呐喊》、凡·高的《阿尔勒的卧室》、歌川广重的《鼓楼和夕阳山，目黑》、约翰内斯·维米尔的《戴珍珠耳环的少女》等名画，展现了广告片有趣而不失艺术感的风格。

可口可乐的这条创意广告短片，通过脑洞大开的创意联想，以经典可乐瓶为名画之间互动的重要元素，顺畅有趣的演绎让观众获得了一次视觉享受，有效地对品牌进行了宣传。

案例三：AI 音频创作——史蒂夫·乔布斯播客访谈

在 AI 生成音频方面，2022 年，AI 播客 PODCAST.AI 生成的一段关于史蒂夫·乔布斯和美国知名主持人乔·罗根之间的 20 分钟访谈播客（图 8-59）在科技圈广为流传，PODCAST.AI 的“Joe Rogan interviews Steve Jobs”中说的每一个词都是由 AI 创造的，开发者说这是观察 AI 如何了解人的一个例子。该播客试图模仿史蒂夫·乔布斯会说什么，听起来像什么。如果有人碰巧此前没听过乔·罗根或史蒂夫·乔布斯的声音，一开始可能会认为这是人类之间在对话。在播客中史蒂夫·乔布斯谈到自己的大学时代、对计算机、工作状态和信仰的看法，整个播客听起来毫无违和感，基本做到了以假乱真。

图 8-58 可口可乐创意广告

图 8-59 AI 播客 PODCAST.AI 生成的史蒂夫·乔布斯播客访谈

【史蒂夫·乔布斯播客访谈】

8.4 跨领域的案例分析

AI 在不同领域的广泛应用展示了其在创新创意设计中的潜力。然而，为了确保 AI 为创意设计带来最大化的价值，AI 在金融、医疗、农业和教育等领域也在寻求技术与人类创造力的平衡，提高生产效率并提升创新能力。这样的跨领域应用彰显了数字化在公共服务中的重要作用，助力公共服务水平的提高，是促进经济和社会可持续发展的有效手段。

8.4.1 金融领域：反洗钱

金融行业由于其海量的数据基础和标准化的服务流程，急需智能化变革来解放人力、释放活力，金融行业各交互场景的数字化和智能化水平，对企业降低获客成本，提质增效也有显著价值，广泛的用户群体及严格的风控监管要求，也决定了 AI 技术在金融生态全产业链应用场景落地的可行性。

众多金融机构和公司都会使用反洗钱系统来量化和把控金融交易中的洗钱风险。为了保障用户交易资产依法合规，银行资管系统需将用户的开户资料全部录入反洗钱系统中进行审核和风控。但用户大多以图片、扫描文件等不可直接复制的方式上传信息，人工录入只能靠逐字键入，不仅过程烦琐、极易出错，而且为了确保信息的准确性，某银行资管系统还不得不设二次核验专岗。为了解决这一难题，提高用户信息录入效率，减少人工操作产生的错误，银行资管系统引入智能化用户信息录入系统来简化流程，降低信息录入及核验的人工成本。AI 系统能专门针对用户信息录入，提供智能导航和自动录入功能并进行文档分析。

谷歌最近结合生成式 AI 推出了反洗钱工具 Anti Money Laundering AI（AML AI，图 8-60），可用于识别金融行业的可疑洗钱行为，生成符合行业规范的分析报告。

AML AI 工具集成了谷歌云的 ML 工具，例如，数据分析工具 BigQuery 和 ML 开发平台 Vertex AI。ML 工具可以大规模处理复杂的 AI 计算，为指定输出提供解释，预计将加

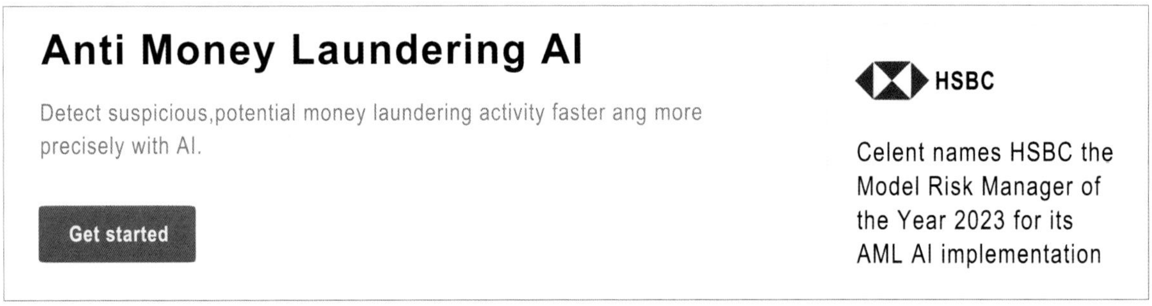

图 8-60 谷歌反洗钱工具 AML AI

快金融机构的调查工作。该 AI 工具已经过汇丰银行测试，可以将金融机构内部风险预警的准确性提高 2 ～ 4 倍，误报率降低 60%。目前，反洗钱 AI 工具有望通过审核后进入正式商用阶段，方便金融机构开展内部风险管理。

8.4.2 医疗领域案例：肿瘤靶区的 CT 影像识别

AIGC 在医疗领域的前景广阔，它可用于医学影像诊断、药物研发、个性化医疗和健康监测预测；可以提高诊断准确性，加速新药研发，为患者量身定制治疗方案，预测疾病发展趋势，优化医疗资源配置。这将深刻改变医疗行业，提升医疗水平，造福人类。

例如，放疗前，医生需要勾画出肿瘤和正常组织的范围，这一步骤密切关系到放疗质量。目前的方案一般都是由医生手工勾画的，勾画标准比较随意，不同的医生勾画的结果差异较大，为最后的结果增加了很多不确定因素。深度学习算法对 CT/MRI (Magnetic Resonance Imaging，磁共振成像）双模态影像进行处理，很好地解决了目前的问题，精度能达到医生勾画水平（图 8-61）。

8.4.3 农业领域案例：使用 AI 无人机提高作物产量

“AI+ 数字农业”将 AI 技术应用于农业领域，实现农业生产的智能化和自动化。通过利用大数据、物联网等先进技术，农民可以更加精准地进行病虫害防治、作物生长监测、肥料施用等方面的管理，提高农业生产效率和质量。同时，“AI+ 数字农业”还可以帮助农民更好地应对气候变化、土地利用等问题，增强农业生产的适应性和可持续性。

在农业领域，无人机获得了新的“职业”，应用领域不再局限于航拍——农民可以获取有关田地状况和每种特定植物的信息，无人机可以在操作员或自动驾驶技术的控制下喷洒农药并评估工作结果。

例如，某公司通过使用安装在无人机上的高光谱相机来收集田地的成像数据，然后利用

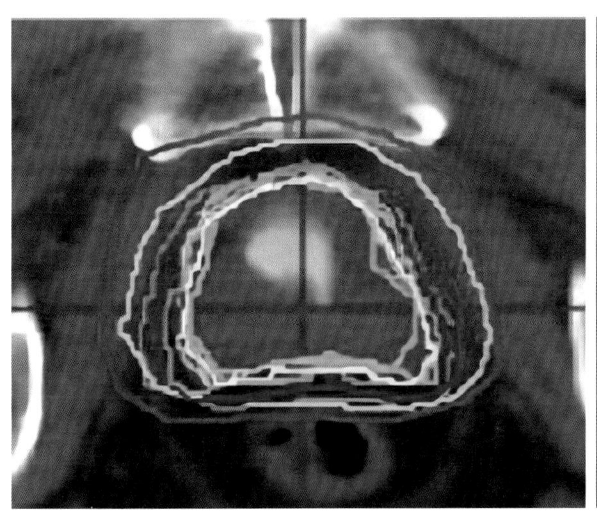
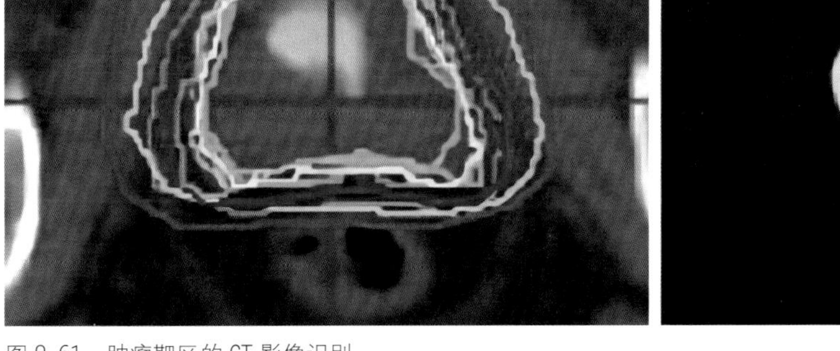

图 8-61 肿瘤靶区的 CT 影像识别

AI 处理数据为农民提供关于作物生理特征和物候的精确信息，从而使农民能够采取措施提高作物产量。这比亲自穿过田地检查庄稼或使用常规监控摄像头要有效得多。图 8-62 是 AI 无人机识别的含有杂草的区域，红色区域包含最多杂草，而橙色、黄色和绿色区域分别包含较少的杂草。

8.4.4 教育领域案例：Duolingo

随着 AIGC 技术的发展，未来教育还将慢慢地进入基于数据的 AI 强化时代，不断发掘教学数据背后隐藏的规律，进一步指导个性化学习。学生通过个体化的学习模型进行学习，可以更深入地钻研自己的学习课程，有助于个人素质的提升。教育行业加入 AIGC 教育领域，不断学习 AIGC 技术，最大化地提高了教育服务的质量、效率，增强了教育的有效性。

Duolingo（多邻国）是一款语言学习工具，其 app 总下载量逾 5 亿次，提供 40 余种语言课程，学习者每天在平台上总计完成约 15 亿次练习，利用机器学习算法捕捉并分析每一组综合数据，了解人们如何学习并据此指导应用程序改进学员们消化知识的方式，找到更好的教学模式，鼓励人们积极参与其中。后来，通过与 OpenAI 的合作，Duolingo 成为首批得到正式许可、发布 GPT-4 驱动产品的第三方组织之一。Duolingo 开发了 AI 对话伙伴和问题解答两个新功能（图 8-63），以激发学习者在学习第二语言时的兴趣并提高学习效率。

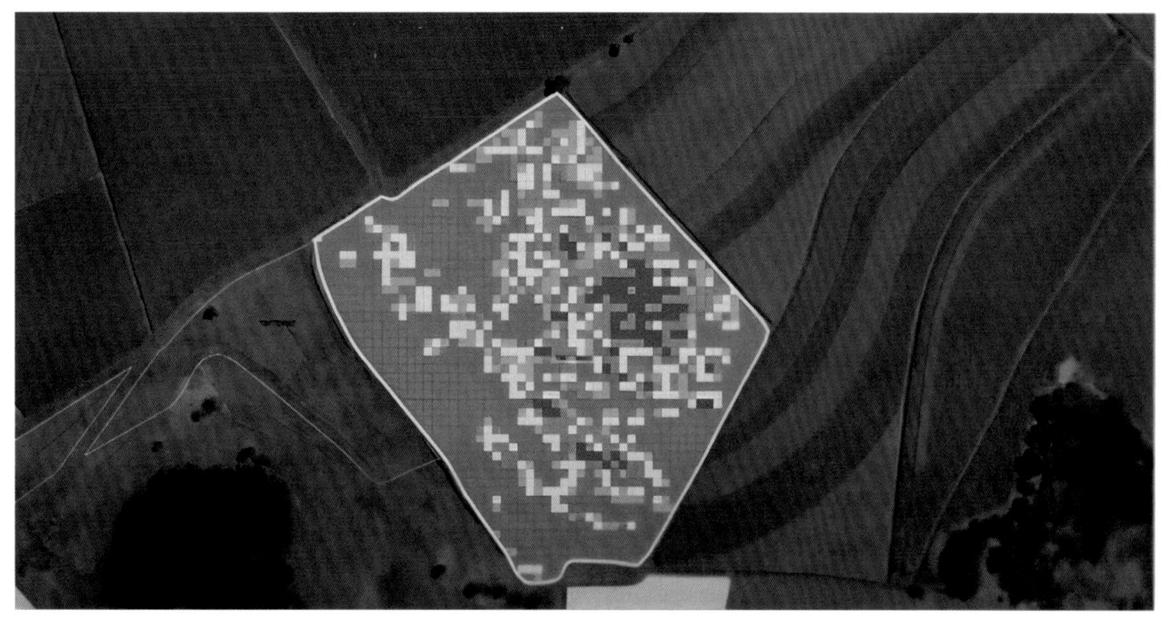

图 8-62 AI 无人机识别杂草区域

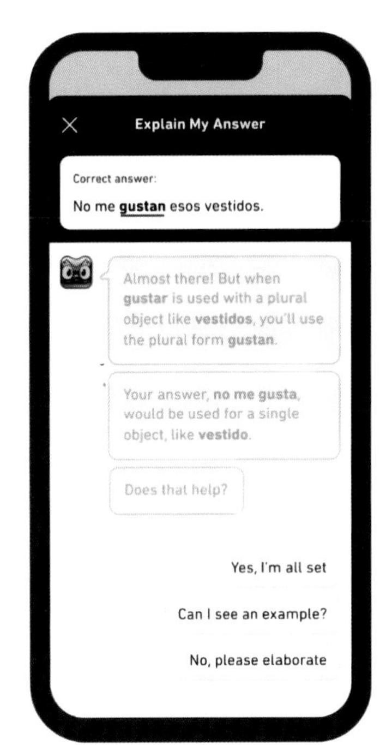

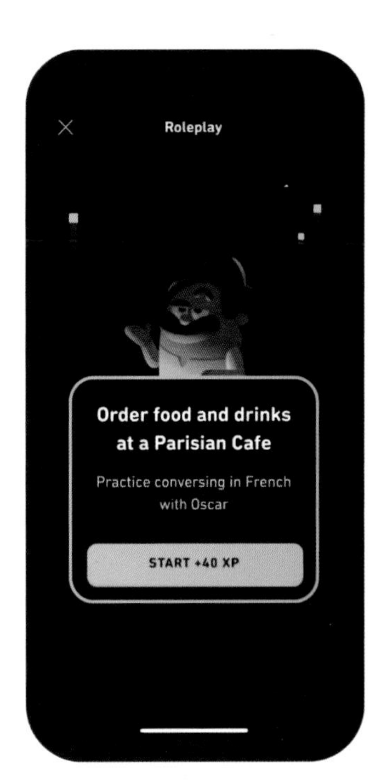

图 8-63　Duolingo AI 对话伙伴和问题解答功能界面

单元训练

1. 以“国庆节”为主题，使用 AI 图像生成工具设计 3 幅系列海报，体会 AI 是如何提高设计效率的。

2. 请使用 AI 图像生成工具给自己生成 3 种不同风格的自画像。

3. 请给出一个跨领域的应用案例，说明 AI 如何在与不同领域的融合中发挥创新作用。

第九章
AI 辅助创新创意的新兴产业

本章要求

本章旨在让学生了解 AI 在创新创意设计领域的新产业，探讨 AI 在国内外不同前沿领域辅助创意设计的发展方向，理解 AI 在创新时尚、虚拟现实、视觉叙事设计及虚拟产品设计创意中的未来产业，以及其对创意发散和创意产出的作用。

学习目标

本章的目标是让学生了解 AI 在创新创意设计中的未来产业，深入探讨 AI 如何在未来重点领域中发挥作用，从时尚时装到虚拟现实，从产品设计到故事叙事，让学生深入了解 AI 技术在未来的发展，明确 AI 在商业中的新趋势，为其未来的创意设计提供更有深度的思考。

AI 辅助创新创意的新兴趋势涵盖了广泛的应用领域。首先，AI 正在彻底改变各个领域的内容创作，包括文字、图像、音乐等。例如，GPT-3 等模型能够生成高质量的内容，是作家、营销人员和艺术家的重要工具。其次，AI 能在小组项目中管理任务、安排日程和提供建议，从而促进协作。这简化了团队合作，提高了工作效率。最后，AI 驱动的个性化越来越普遍，为内容消费、市场营销和用户界面提供量身定制的体验。在媒体制作领域，AI 简化了视频、动画和多媒体内容的制作。它可以实现重复性任务的自动化，使创作者能够专注于更具创新性的方面。数据驱动的创意是另一个值得注意的趋势，先进的分析技术可以帮助创作者了解受众的行为、情感和参与度，从而制定更有效的内容策略。AI 正在艺术和设计领域占据一席之地，帮助专业人士寻找创作灵感、产生创意和自动执行任务。它还在音乐行业掀起波澜，帮助音乐家和作曲家进行音乐创作和声音生成。在游戏领域，AI 通过程序化内容生成和自适应游戏体验增强了游戏性。在教育领域，教育和培训受益于 AI 的个性化方法，改善了学生个人的学习体验。人们对 AI 伦理的关注也在加强，重点是确保 AI 生成的内容和推荐的公平性和透明度。AI 正在通过个性化和有效的广告活动彻底改变广告业。

这些新产业共同反映了 AI 在提升人类创造力、生产力和扩大创新方面的变革性影响。随着 AI 技术的不断进步，它有望拓展创意领域的应用范围，为各行各业提供新的可能性并重塑行业格局。

9.1 从像素到面料：元宇宙服装设计与 AI 工艺

在技术进化的时代，AI 与时尚设计的融合催生了创造和创新的新时代。这种革命性的协同作用催生了“元宇宙服装设计”（图 9-1）概念的出现，在先进的 AI 工艺的推动下，虚拟和物理领域相互交织，探讨 AI 生成视觉效果、3D 模拟和即时模型生成器如何塑造元宇宙服装的景观，这无疑开创了像素和织物之间界限消失的时代。

9.1.1 虚拟宇宙及其时尚潜力

虚拟宇宙代表了数字和物理体验的融合，用户可以沉浸在交互式虚拟环境中。正如人们在现实世界中通过时尚来表达自己一样，虚拟宇宙也为人们提供了类似的通过数字化身和服装来表达自我的机会。从虚拟活动到社交聚会，虚拟宇宙为创造力和个人风格提供了舞台。然而，问题出现了：这些虚拟服装如何从像素过渡到织物，使我们能够在现实世界中穿着它们？这需要我们进一步去研究。

9.1.2 AI 作为虚拟宇宙的裁缝

在工艺世界，AI 凭借其分析大量数据和学习模式的能力，正在改变虚拟世界中服装设计和定制的方式。AI 算法可以了解个人喜好、风格选择，甚至预测未来的时尚趋势（图 9-2）。这为 AI 设计与用户的品位和个性相符的虚拟服装铺平了道路。

9.1.3 流程：从设计到面料

（1）虚拟设计。虚拟世界中的设计通常从数字草图和 3D 模型开始。AI 可以根据穿戴者的喜好、体型和文化背景对这些设计进行改进。

（2）个性化。AI 算法通过分析用户行为、兴趣，与用户交互，创建个性化的服装推荐。这种程度的个性化模糊了虚拟时尚与

图 9-1 元宇宙服装设计

图 9-2 AI 辅助裁缝

【AI 制版演示】

现实世界时尚之间的界限。

（3）制造和具体化。一旦虚拟设计获得批准，AI 就可以与现实世界的工匠合作，将这些设计变为现实。3D 打印和智能纺织品等先进面料技术有助于将虚拟设计转化为有形的服装。

（4）购买前试穿。AI 驱动的设计允许用户在购买前虚拟地“试穿”衣服。这种虚拟试衣体验增强了在线购物的体验，减少了衣服不合身的情况。

（5）可持续性和实验。AI 可以通过优化材料使用和减少浪费来帮助创造可持续时尚。此外，虚拟服装设计鼓励实验，但不会带有物理服装生产的环境足迹。

9.1.4 文化和经济影响

虚拟宇宙服装设计与 AI 工艺的融合具有文化和经济意义，它通过扩展创造力的画布，超越物理限制来挑战传统的时尚观念。时装设计的民主化使个人能够成为虚拟宇宙中的创造者，从而培养其主人翁意识和认同感。

从经济层面讲，这种交叉点开辟了新的市场和机遇。虚拟时尚品牌、AI 驱动的时装屋，甚至数字裁缝都可能出现，迎合重视虚拟和现实世界体验的一代人的需求。

9.1.5 总结

AI 工具在 AI 驱动的时尚设计方面的创新进步为这个时代送来曙光。当我们采用 AI 生成的视觉效果、3D 模拟和即时模型生成器时，从像素到织物的旅程就变成无缝的创造力挂毯。AI 与工艺的结合使时装设计发生了质变，不仅加速了创意过程，而且将设计独创性提高到了新的水平。元宇宙服饰的未来充满无限可能，AI 的艺术性将和面料的触感完美融合。

9.2　设计未来：元宇宙时尚趋势与 AI 进化

在当今世界，技术无极限，我们的想象力丰富，一些真正非凡的事情正在时尚和虚拟宇宙的交汇处展开。一个迷人的创意表达时代——虚拟时尚时代已经到来。虚拟领域和前沿美学的完美融合正在重塑时尚格局，不仅改变我们的外表，而且彻底改变我们与数字角色互动的方式（图 9-3）。这一变革之旅的核心在于虚拟时尚与 AI 之间错综复杂的关系，它们正在共同打造一个联盟，有可能重塑我们对时装设计本身的理解。

9.2.1　元宇宙时尚：打造超越现实的身份

元宇宙时尚不受地理边界、物质限制，它存在于数字领域，化身充当自我表达的画布。这种新兴趋势允许个人通过可定制的服装来管理他们的虚拟身份，反映个人风格和想象力。在一个以像素为基础的世界中，元宇宙时尚鼓励突破界限的创造力，为人们提供了一个平台来尝试挑战传统规范的设计。

9.2.2　AI 的影响：塑造元宇宙时尚的结构

虚拟时尚进化的核心是 AI，它是推动设计进入未知领域的创新力量。AI 算法可以分析大量数据集和用户偏好，生成令人惊叹的设计，将数字美学与个人品位无缝融合。其结果是人类的聪明才智和 AI 算法的和谐融合，创造出能够激发数字领域对话和想象力的服装。

9.2.3　元宇宙时尚潮流：想象与现实的碰撞

元宇宙时尚体现了时尚是如何在数字世界中不断变化的，从看起来像来自未来的酷服装到让人想起过去的衣服，设计师和时尚爱好

图 9-3　AI 辅助元宇宙选品

者都可以在这个虚拟世界中玩耍并尝试新事物。它就像一个大游乐场，旧式和新式风格汇聚在一起，让时尚比我们所知道的更加不同和令人兴奋(图 9-4、图 9-5)。

9.2.4 AI：塑造元宇宙时尚与 AI 进化的交集

在元宇宙时尚和 AI 进化的动态景观中，AI 工具成为先锋，使个人能够探索元宇宙时尚的无限可能性。对 AI 生成的设计和定制选项，AI 工具弥补了想象力和创造力之间的差距，使用户能够设计出与其虚拟身份相契合的服装。利用 AI 的功能，AI 工具能使制作独特的元宇宙时尚的过程变得简单且令人兴奋。

9.2.5 总结

随着虚拟宇宙继续展现出无限潜力，虚拟宇宙时尚和 AI 进化交织在一起，塑造着未来的设计格局。它们共同开创了一个创造力无极限的时代，虚拟表达的画布变得与我们的想象力一样丰富。通过人类创新与进步技术的合作，元宇宙时尚成为一幅由想象力、设计和可能性编织而成的挂毯。

图 9-4 AI 辅助用户在虚拟世界操作

图 9-5 AI 辅助元宇宙游戏

9.3 创新时尚：AI 运动鞋生成器如何激发新趋势

在不断变化的时尚格局中，创意与技术的融合推动着潮流的发展。AI 运动鞋生成器的出现标志着这一进程的推进，重塑了行业的视野（图 9-6）。这些鞋子集中体现了 AI 在电子商务中的无缝集成，以及革命性新产品设计的诞生。在这次探索中，我们冒险进入 AI 驱动的鞋类领域，揭示这些创作如何刺激重新定义时尚领域的趋势。

9.3.1 AI：运动鞋设计的创意伙伴

AI 的渗透范围远远超出了其诞生地，现在对时尚产生了影响，特别是 AI 运动鞋生成器。这些复杂的工具利用了广泛的数据集和复杂的算法，生成了挑战传统的迷人运动鞋设计。但 AI 并没有取代人类的聪明才智，而是充当了创造性的合作伙伴，为仍处于未知状态的设计提供了新的视角。

9.3.2 释放无尽灵感

AI 生成的概念运动鞋（图 9-7）打破了传统

图 9-7 AI 生成的概念运动鞋

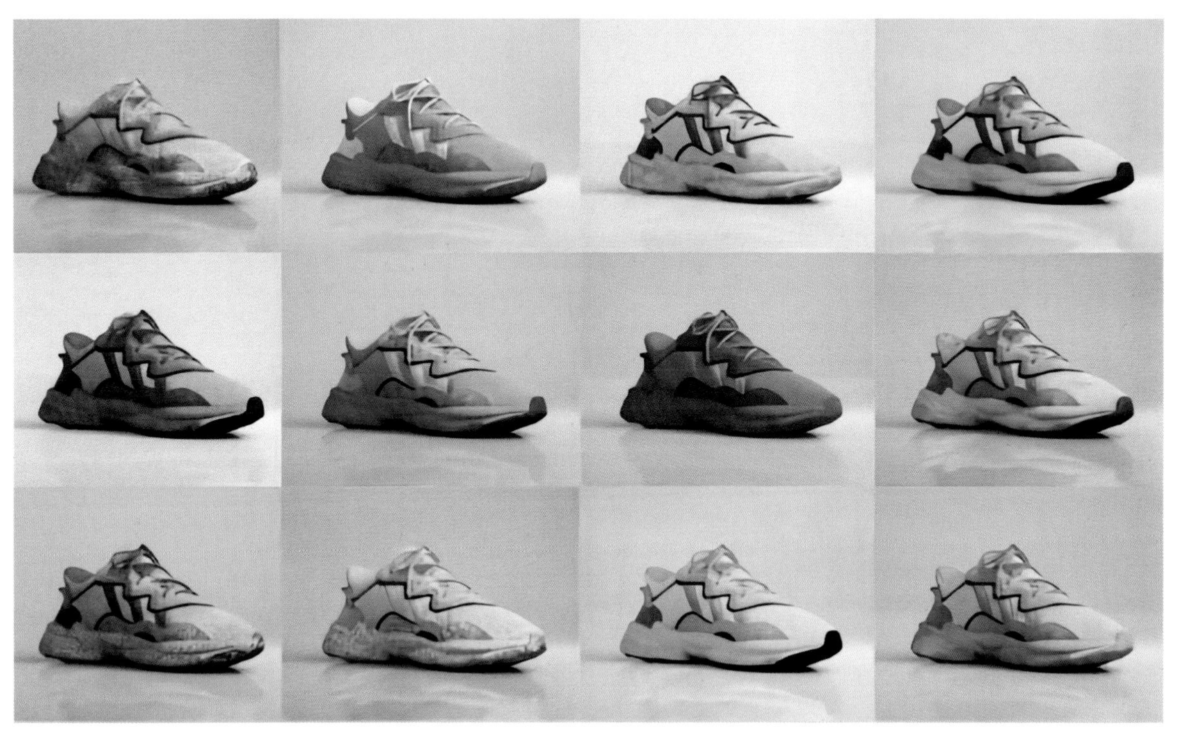

图 9-6 AI 辅助运动鞋设计

设计的束缚。在对设计元素、文化影响和材料的算法探索中，人们设计出了将传统与创新无缝融合的运动鞋。这种融合产生了意想不到的美感，以以前无法想象的方式重新定义了鞋类设计的界限。

9.3.3 定制工艺的艺术

AI 运动鞋生成器的吸引力在于其定制和个性化的能力。爱好者可以输入他们的喜好，让 AI 根据他们的喜好定制运动鞋。这种定制方法不仅使个人能够表达自己的身份，而且在穿着者和鞋子之间建立了深刻的联系，体现了现代工艺的精髓。

9.3.4 协调传统与进步

AI 运动鞋生成器为设计师打造了一个动态的游乐场，促进传统与现代的相互作用。传统运动鞋元素与未来主义元素交织在一起，诞生了同时引起传统爱好者和前卫爱好者共鸣的设计（图 9-8）。这些不同元素的综合吸引了人们的注意，并且挑战了鞋类时尚的现状。

9.3.5 趋势和创新背后的驱动力

AI 生成的鞋子的影响超越了孤立的设计，蔓延到了更广泛的运动鞋设计领域。这些设计常常打破既定规范并引入突破性概念，吸引了时尚影响者、设计师和爱好者的目光。这一新发现为重新定义运动鞋时尚面料的趋势铺平了道路。

9.3.6 促进合作和思想交流

AI 运动鞋生成器是人类创造力的设想，为时尚领域内的合作和思想交流铺平了道路。来自设计、艺术和技术的远见者汇聚一堂，探索生成设计的潜力。这种共同的努力扩大了时尚版图，拓宽了运动鞋工艺创新的界限。

9.3.7 明日时尚一瞥

AI 生成鞋子的轨迹让我们得以一睹时尚的未来。随着技术的不断进步，越来越复杂、无与伦比的设计会出现，挑战人们对运动鞋先入为主的观念。AI 的计算能力和人类想象力的结合改变了时装设计的本质，开创了创造、生产和消费的新维度。

图 9-8 AI 辅助运动鞋风格设计

9.3.8 通过 AI 工具赋能时尚设计

随着时尚领域的不断创新发展，AI 工具成为指路明灯，将 AI 生成的设计与人类创造力无缝融合，重新定义体验时尚的方式，带人们走进一个可能性无限的世界，为技术与想象力的和谐相互作用提供了契机（图 9-9）。

9.3.9 总结

AI 运动鞋生成器不仅是创新的催化剂，而且是创新的发动机，是技术与创造力的和谐伙伴关系的体现。它将时尚推向未知领域，重新定义了可能性的界限。当我们见证这种持续的演变时，AI 正在重塑运动鞋设计的命运，定义该行业的趋势。

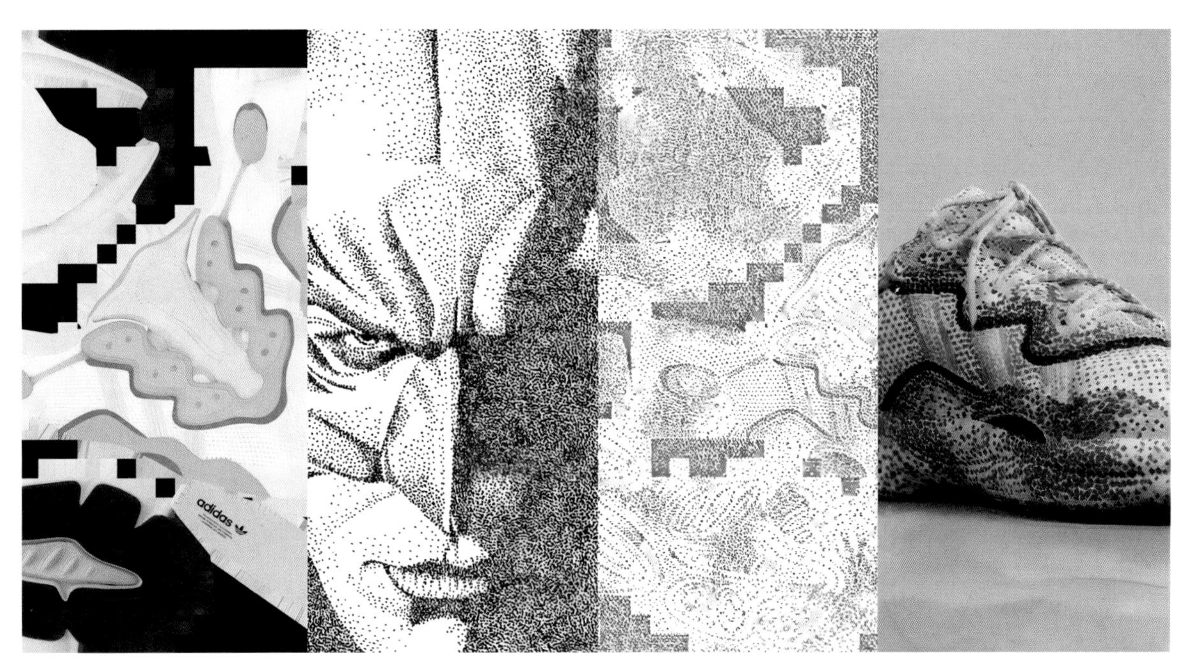

图 9-9 AI 赋能时尚运动鞋

【Midjourney 设计鞋演示】

9.4 视觉叙事：AI 生成的视觉效果对时尚传播的影响

在不断发展的时尚界，美学与创新交汇，技术已开始发挥变革性作用（图 9-10）。重塑时尚传播和感知方式的最具突破性的进步之一是 AI 生成视觉效果的运用。从 AI 服装设计到服装款式，从复杂的配饰到时装模特草图，AI 对时尚传播的影响深远。

9.4.1 创意与科技的融合

视觉叙事是时尚传播的核心。它是设计师传达灵感、愿望和叙述的媒介。随着 AI 生成的视觉效果的出现，这种故事讲述被提高到了一个新的水平。AI 在巨大的数据集和复杂的算法的推动下，能够生成捕捉设计师视觉精髓的视觉效果。

9.4.2 AI 时尚速写与服装设计

AI 时尚速写，即服装轮廓的数字草图，彻底改变了设计师传达想法的方式。这些 AI 工具有助于快速可视化服装款式（图 9-11），使设计师能够探索更多的可能性。从经典剪裁到前卫设计，AI 使设计师能够轻松进行实验，激发创造力并加快设计速度。

9.4.3 AI 运动鞋和手提包生成器

在鞋类和箱包领域，AI 生成的视觉效果占据了主导地位。AI 运动鞋和手提包生成器使设计师能够制作复杂而时尚的产品，为设计师提供全新的设计视角并促进创新。这些生成器将人类创造力与 AI 的分析能力和谐地融合在一起，从而产生迎合不同品位的配件。

图 9-10 AI 与叙事概念衣柜

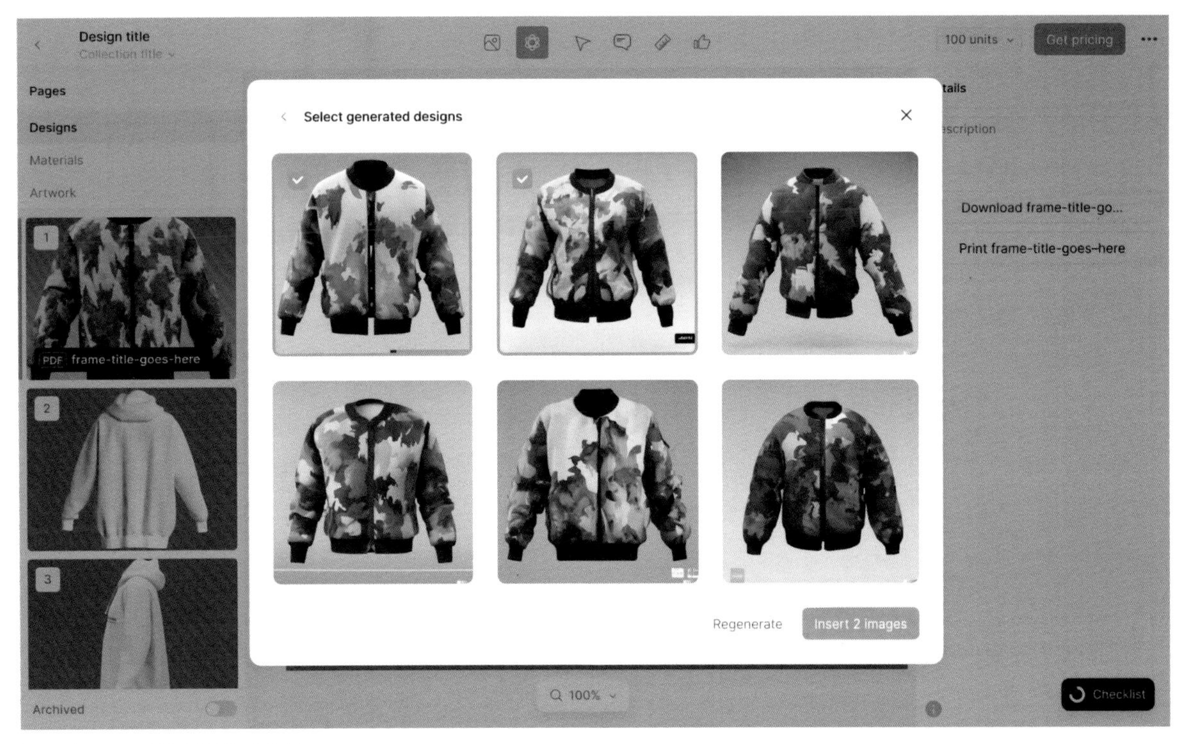

图 9-11 AI 辅助服装纹样设计

9.4.4 时尚摄影中的 AI 增强视觉效果

AI 的魔力不仅仅局限于设计过程，AI 增强视觉效果在时尚摄影中留下了印记（图 9-12），将图像质量提高到了新的高度。AI 照片增强器能够细化从色彩校正到增强纹理的每一个细节。这项技术可确保时尚图像与观众产生共鸣，给人们留下深刻的印象。

图 9-12 AI 辅助摄影

9.4.5 改变时尚传播

AI 生成的视觉效果致力于改变时尚的传播方式。时尚品牌和设计师能够以充满活力且引人入胜的方式展示他们的设计。无论是展示设计的变化、制作沉浸式造型手册，还是通过在线 AI 图像生成器生成逼真的 3D 服装，AI 都增强了时尚故事的讲述方式。

9.4.6 时尚传播的未来

随着 AI 技术的不断发展，它对时尚传播的影响必将更加显著。AI 的计算能力和人类创造力的结合为设计、演示和个性化的未知领域打开了大门。AI 生成的视觉效果的无缝集成可能会塑造时尚传播的未来，为设计师提供一个真正可以创新和吸引受众的平台。

9.4.7 借助 AI 工具体验时尚的未来

通过 AI 工具，设计师可以亲身体验 AI 驱动的创造力的力量，无缝集成 AI 生成的视觉效果，跟进时尚传播过程的每一步。从服装款式到配饰，AI 工具使设计师能够以前所未有的效率和精度进行创造和创新。设计师借助 AI 工具提升时尚之旅，步入技术与创意结合的、重塑时尚未来的世界，探索各种可能性（图 9-13）。

9.4.8 总结

总而言之，AI 生成的视觉效果对时尚传播的积极影响是不可否认的。从 AI 时尚速写到增强的时尚摄影，这项技术正在重新定义时尚的设计、呈现和感知方式。技术与创意的结合不仅提高了效率，而且使设计师能够探索艺术表达的新领域。随着技术的发展，AI 将继续彻底改变时尚传播，为时尚界视觉叙事的新时代铺平道路。

图 9-13 AI 辅助换装

9.5　探索设计的未来：虚拟产品设计及其影响

在这个技术快速发展及物理世界和数字世界融合的时代，时装设计领域正在经历根本性的变化。虚拟产品设计是一种突破性的方法，它使用尖端技术在物理创建之前仅在数字领域内创建、建模和改进项目，从而取代传统的产品设计流程。这种范式转变不仅改变了时尚产品的设计方式，也改变了它们的开发、生产和分销方式。

9.5.1　虚拟产品设计的兴起

虚拟产品设计可通过数字原型、计算机生成的模拟和虚拟现实体验来开发产品。它存在于各个行业，特别是时尚行业。随着复杂的3D 设计软件、云计算和强大硬件的引入，设计人员现在能够以无与伦比的准确性和真实感来可视化和操作虚拟对象。

影响虚拟产品开发的关键变量之一是不受真实材料和生产技术限制的快速迭代和实验的能力。时装设计师只需很短的时间，就可以探索各种排列、测试各种功能并评估用户体验。这种加速的迭代周期不仅可以让设计师提升创造力，还可以帮助设计师作出更明智的决策，从而创造出更高质量的产品（图 9-14）。

9.5.2　改变设计流程

虚拟服装制造商正在彻底改变设计流程。设计师可以无缝过渡到三维模型的数字草图开始他们的工作。这些模型可以被轻松操纵、拉伸和变形，为设计师提供前所未有的自由度来探索非常规的形状和概念。此外，协作设计比以往任何时候都容易实现，因为多位

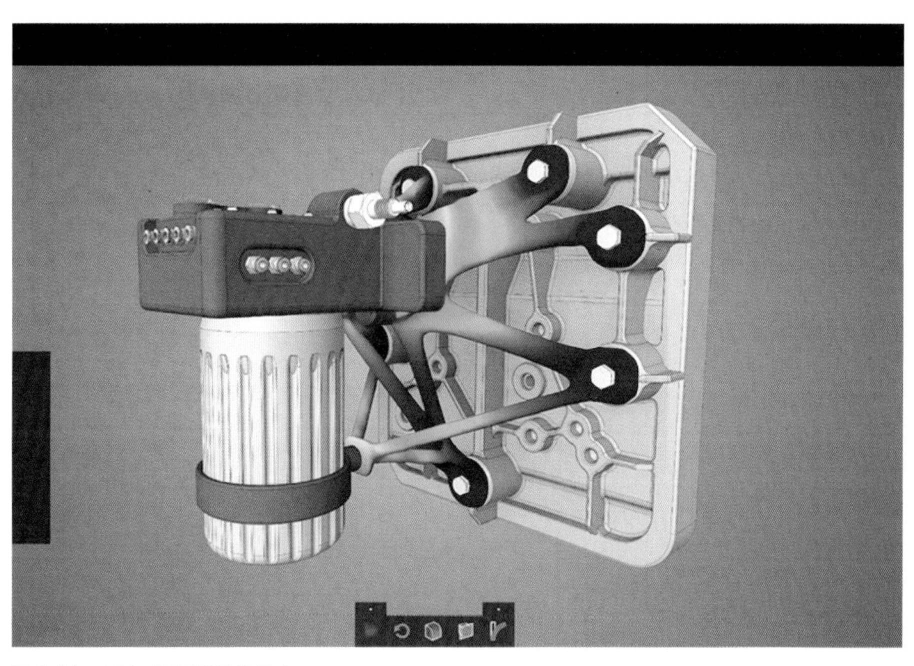

图 9-14　AI 与产品装配的结合

设计师可以实时协作处理单个虚拟模型，无论他们的物理位置如何。

模拟现实场景和环境是虚拟产品设计的另一个重要方面。为了在设计的早期发现可能的问题，工程师和设计师可以对他们的发明进行各种压力测试、环境设置和使用场景转换。这种方法不仅削弱了代价高昂的设计错误的可能性，而且还增强了成品的总体可靠性和安全性（图 9-15）。

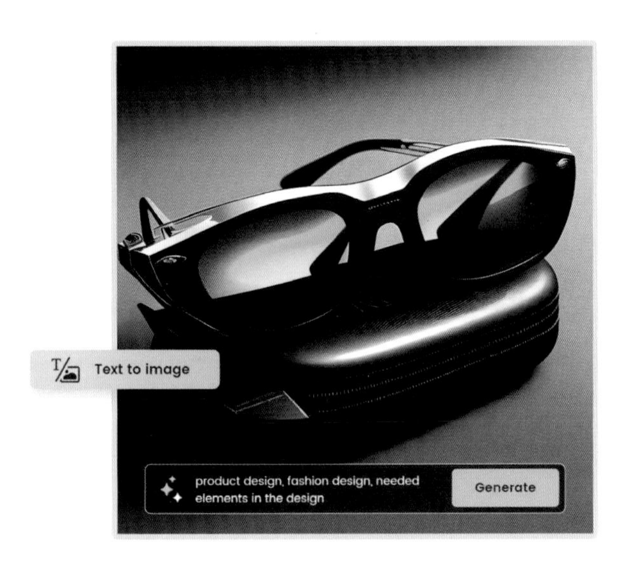

图 9-15 AI 辅助眼镜设计

9.5.3 通过虚拟现实缩小差距

虚拟现实对虚拟产品的开发至关重要，因为它通过沉浸式体验为设计师提供了与他们的想法进行逼真的交互契机。设计师可以虚拟地评估其产品的功能、外观和是否符合人体工程学，就像他们亲自在场一样。这种程度的参与有助于设计师更深入地理解设计的优点和缺点，并且为之提供优化方案（图 9-16）。

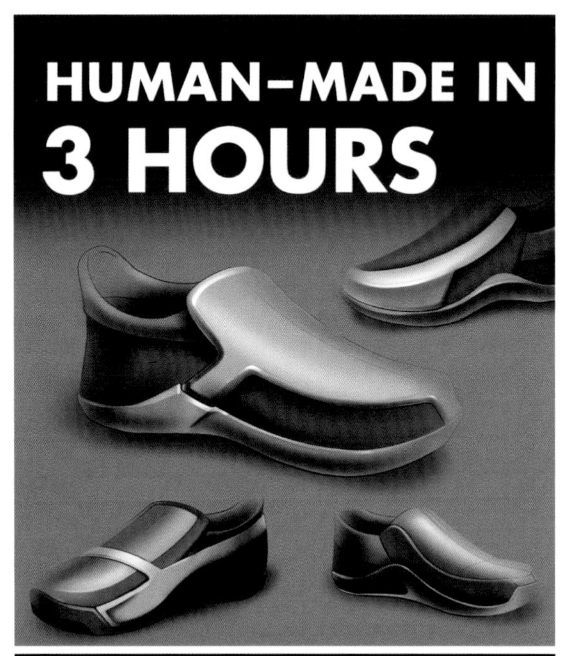

图 9-16 AI 与传统人工设计的差距

此外，虚拟现实超越了设计团队的范畴，让利益相关者，甚至最终用户参与到设计过程中。通过允许这些人体验虚拟原型并与之交互，设计人员可以尽早并经常收集反馈，从而实现更加以用户为中心的成功设计（图 9-17）。

图 9-17　AI 辅助眼镜风格设计

9.5.4　对行业和可持续发展的影响

虚拟产品设计的影响是深远的，影响着各个行业，并且为可持续实践作出了贡献。在制造业中，由于在虚拟设计阶段尽早发现了效率低下的问题，企业可以通过最大限度地减少浪费和能源消耗来优化其生产流程。在建筑领域，虚拟原型有助于可视化建筑物和城市空间，增强城市规划的可靠性并减少资源消耗。

全球供应链受到虚拟产品设计的影响。由于能够实时生成、交换和更改数字设计，企业可以减少对实物交付原型的需求，从而减少碳排放并建立更有效的供应链。

9.5.5　克服挑战并展望未来

虽然虚拟产品设计提供了前所未有的机遇，但也并非没有带来挑战。设计师必须适应新的工具和工作流程，而向虚拟协作的转变需要有效的沟通和协调。

展望未来，虚拟产品设计的发展很可能与 AI、生成设计和扩展现实（Extended Reality，XR）技术的发展交织在一起。这些发展可能标志着自主设计时代的开始，届时 AI 系统将与人类设计师一起工作，产生突破性的解决方案。

9.5.6　总结

虚拟产品设计领域正在经历一场引人注目的革命，而处于这场变革最前沿的是像 AI 这样的工具。这种尖端的 AI 时尚设计工具已迅速成为创新的“灯塔”，指明设计师进行虚拟产品创作的方向。

AI 工具将人类的聪明才智与 AI 驱动的功能和谐地融合在一起，推动了设计探索的界限。它能够快速生成多样化的设计变体、促进实时协作、提供预测性见解及创意，证明了 AI 在塑造未来设计方面的巨大潜力。

9.6 从数据到设计：AI 生成珠宝的兴起

在技术不断重新定义创意界限的世界中，珠宝设计领域正在发生令人着迷的演变。数据和设计的融合催生了一个新时代，AI 正在塑造珠宝创作的未来。下面深入探讨 AI 生成珠宝的迷人旅程（图 9-18），探索算法将原始数据转化为精美的可佩戴艺术品的创新方式。

图 9-18 AI 辅助珠宝设计

9.6.1 创新的火花：AI 与珠宝设计

在传统意义上，珠宝设计一直是熟练工匠的领域，他们煞费苦心地将复杂的作品变为现实。然而，AI 的出现为珠宝设计引入了新的维度（图 9-19）。利用先进算法和深度学习的力量，设计师和技术人员开启了一个领域，让数据成为缪斯，设计呈现出新的复杂水平，这让人想起时尚风格生成器。

9.6.2 数据与美学的融合

AI 生成的珠宝以大量数据开始其旅程——从历史设计趋势和文化主题到用户偏好和市场洞察。这些数据由 AI 算法仔细分析和处理，

图 9-19 AI 快速改良珠宝设计细节

识别人类设计师可能无法识别的模式和联系。因此，每件 AI 生成的珠宝都是美学和数据驱动洞察力的独特融合，为美提供了全新的视角。

9.6.3 释放创造力：与 AI 合作

AI 远非取代人类创造力的工具，而是充当协作者的角色，以不可预见的方式优化创造过程（图 9-20）。设计师与 AI 算法携手合作，获取指导并完善输出。AI 快速迭代无数可能性设计的能力为实验和创新铺平了道路，就像制作珠宝设计草图的过程一样。这是灵感的源泉，激发出突破传统珠宝设计界限的新颖想法。

9.6.4 从算法到装饰：制作作品

一旦 AI 生成设计，接下来的工序就该由熟练的工匠接手了。这些工匠将数字渲染变为现实，使用传统的珠宝制作技术来塑造金属、镶嵌宝石并刻画复杂的细节。数字和模拟工艺的和谐融合造就了将技术创新与永恒艺术无缝结合的作品。

9.6.5 个性化的新时代

AI 生成珠宝不仅是一场设计革命，也改变了我们与装饰品的联系方式。这些设计的数据驱动性质让作品达到了以前难以想象的个性化水平。用户可以贡献自己的数据——从生日石、占星术到重要日期，让设计师用 AI 创造出具有深刻意义并反映佩戴者身份的作品（图 9-21）。

【Midjourney 珠宝设计体验】

图 9-20 AI 算法对珠宝样式的设计优化过程

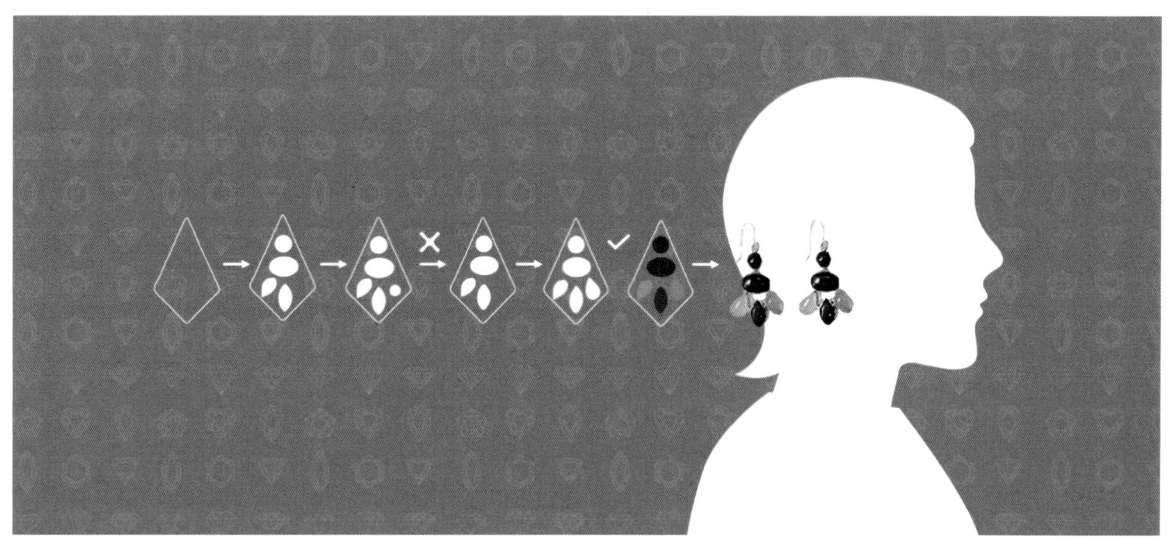

图 9-21 AI 辅助珠宝定制化设计的示意图

9.6.6 塑造珠宝的未来

AI 生成珠宝技术的兴起正在重塑行业格局。它挑战了传统的设计概念，模糊了数据科学和美学之间的界限。随着 AI 算法的不断发展，我们期待看到更加大胆和创新的设计，这些设计突破了创造力的界限，并且重新定义了珠宝世界的可能性（图 9-22）。

图 9-22 AI 生成的珠宝设计效果图

9.6.7 总结

在从原始数据到精美装饰品的迷人旅程中，AI 生成的珠宝证明了人类的聪明才智与技术实力的和谐融合。当我们站在这场创意革命的风口浪尖时，总被提醒创新是无止境的。AI 开启了一个充满无限可能的世界，数据和设计的交响乐，就像时尚风格生成器的相互作用一样，共同打造出超越时间和传统的可佩戴杰作。

AI 工具处于这一变革运动的最前沿，它是一款尖端的珠宝设计生成工具。凭借最先进的功能，AI 工具使设计师、工匠和品牌能够轻松地将 AI 生成的概念与人类工艺结合起来，从而打造出体现创新与艺术完美结合的珠宝作品。当我们展望珠宝设计的未来时，AI 工具就像一颗璀璨的指路明星，照亮了充满无限可能的道路，并且重新定义了佩戴之美。

9.6.8 AI 赋能创新驱动：助力党的二十大目标实现的新兴产业

党的二十大报告提出：“推动战略性新兴产业融合集群发展，构建新一代信息技术、人工智能、生物技术、新能源、新材料、高端装备、绿色环保等一批新的增长引擎。”

党的二十大报告明确了创新和科技在未来发展中的重要性，尤其是在推动新兴产业和传统产业转型升级中的关键作用。这与 AI 辅助创新创意的新兴产业的发展方向高度一致，通过技术创新驱动高质量发展，提高产业链和供应链的韧性和安全性；同时，强调了创新在我国现代化建设全局中的核心地位，提出要加快实施创新驱动发展战略，增强自主创新能力。随着 AI 技术的迅猛发展，AI 辅助创新创意的新兴产业正成为推动我国经济高质量发展的重要引擎。这些产业不仅提高了各行各业的效率，还激发了大量新的市场需求和就业机会。通过将 AI 技术应用于产品设计、市场分析、生产优化等环节，企业能够更快地适应市场变化，更好地满足消费者的个性化需求。由此，AI 辅助创新创意的新兴产业在推动我国实现科技自立自强，建设创新型国家的过程中，发挥着不可或缺的作用，为全面建设社会主义现代化国家提供了强大的技术支撑。

单元训练

1. 选择一个领域（如时装、元宇宙等），构思一种创意设计商业方案，将 AI 与新兴产业紧密结合进行创新；描述这个方案是如何利用 AI 进行辅助的，以及它的商业优势。
2. 讨论 AI 和产业升级之间的发展路径。你认为在创意设计产业中，AI 和传统产业应该如何结合，以充分发挥各自的优势？
3. 讨论 AI 在创意设计产业中引发的新的经济增长点，提出 个可能的新型 AI 创意产业。例如，新型 AI 创意产业是否会优化某一类型的产业，以及如何平衡技术进步与人类创造力之间的关系。

【AI 用一张可以无限放大的画，带你学政府工作报告】

第十章
AI 辅助创新创意设计的未来展望

本章要求

本章旨在让学生深入了解 AI 在辅助创新创意设计中的未来展望，理解其技术发展趋势、应用前景和对创意设计师的影响；掌握 AI 技术的演进过程，以及理性看待 AI 为创新创意设计带来的变革。

学习目标

本章的目标是让学生深入理解不断发展的 AI 技术趋势，探讨 AI 在未来创意设计中的广泛应用前景，分析 AI 对创意设计师的影响和带来的挑战，促进技术与人类创造力的平衡。

10.1 AI 技术发展趋势

内容生产，特别是创意工作，一向被认为是人类的专属和智能的体现。如今，AI 正大步迈入数字内容生产领域，不仅在写作、绘画、作曲等多个领域达到“类人”表现，而且展示出在大数据学习基础上的非凡创意潜能。这将塑造数字内容生产的人机协作新范式，也让内容创作者和更多普通人得以跨越“技法”和“效能”限制，尽情挥洒创意。下面以 AIGC 基础模型和应用为例进行预测（图 10-1）。

从范围上看，AIGC 逐步深度融入文字、音乐、图片、视频、3D 等多种媒介形态的生产，可以担任新闻、论文、小说写手，音乐作曲和编曲者，多样化风格的画手，长短视频的剪辑者和后期处理工程师，3D 建模师等多样化的助手角色，在人类的指导下完成指定主题内容的创作、编辑和风格迁移。

从效果上看，AIGC 在基于自然语言的文本、语音和图片生成领域初步令人满意，特别是知识类中短文、插画等高度风格化的图片创作，创作效果可以与有多年经验的创作者相匹敌；在视频和 3D 等媒介复杂度高的领域虽处于探索阶段，但成长很快。尽管 AIGC 对极端案例的处理、细节把控、成品准确率等方面仍有很大进步空间，但潜力的发挥令人期待。

从方式上看，AIGC 的多模态加工是热点，是 AI 的最重要的趋势。AI 模型在发现文本与图像间的关系中取得了进步，如 Open AI 的 CLIP 能匹配图像和文本，DALL·E 能生成与输入文本对应的图像，DeepMind 的 Perceiver IO 可以对文本、图像、视频进行分类等；典型的应用如文本转换语音、文本生成图片，从广义来看 AI 翻译、图片风格化也可以看作两个不同“模态”间的映射。

这些趋势表明 AI 技术将继续向更加智能、全面、透明和人性化的方向发展。AI 的发展将对各行各业产生深远的影响，为人类创造更多的机遇和挑战。随着时间的推移，我们可以期待看到 AI 技术在更多领域取得突破，为增进人类福祉作出新贡献。AIGC 正在越来越多地参与数字内容的创意性生成工作，以人机协同的方式释放价值，成为未来互联网的内容生产基础设施。

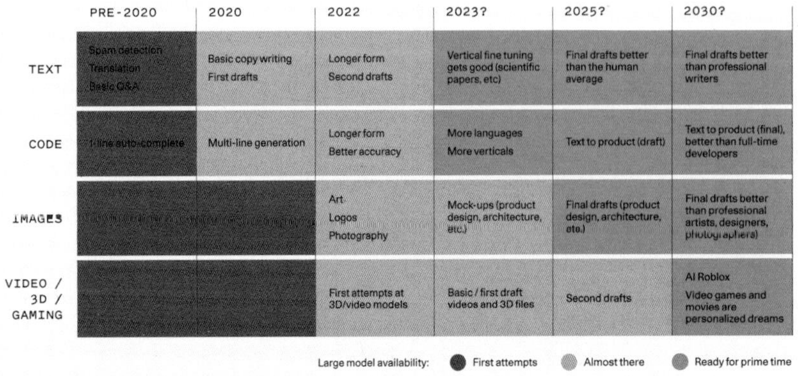

	PRE-2020	2020	2022	2023?	2025?	2030?
TEXT	Spam detection Translation Basic Q&A	Basic copy writing First drafts	Longer form Second drafts	Vertical fine tuning gets good (scientific papers, etc)	Final drafts better than the human average	Final drafts better than professional writers
CODE	1-line auto-complete	Multi-line generation	Longer form Better accuracy	More languages More verticals	Text to product (draft)	Text to product (final), better than full-time developers
IMAGES			Art Logos Photography	Mock-ups (product design, architecture, etc.)	Final drafts (product design, architecture, etc.)	Final drafts better than professional artists, designers, photographers)
VIDEO / 3D / GAMING			First attempts at 3D/video models	Basic / first draft videos and 3D files	Second drafts	AI Roblox Video games and movies are personalized dreams

Large model availability: First attempts　Almost there　Ready for prime time

图 10-1　AIGC 基础模型和应用发展预测

10.2 AI 在创新创意设计中的未来应用前景

AIGC 是继 PGC、UGC 之后一种全新的内容生产方式，不仅能提高内容生产的效率，以满足我们飞速增长的内容需求，而且能丰富内容的多样性。在“2022 百度世界大会”上，李彦宏认为：“AIGC 将走过 3 个发展阶段——第一个阶段是‘助手阶段’，AIGC 被用来辅助人类进行内容生产；第二个阶段是‘协作阶段’，AIGC 以虚实并存的虚拟人形态出现，形成人机共生的局面；第三个阶段是‘原创阶段’，AIGC 将独立完成内容创作，未来 10 年，AIGC 将颠覆现有内容生产模式，实现以十分之一的成本，以百倍千倍的生产速度生成 AI 原创内容。”图 10-2 是 AIGC 应用现状概览。

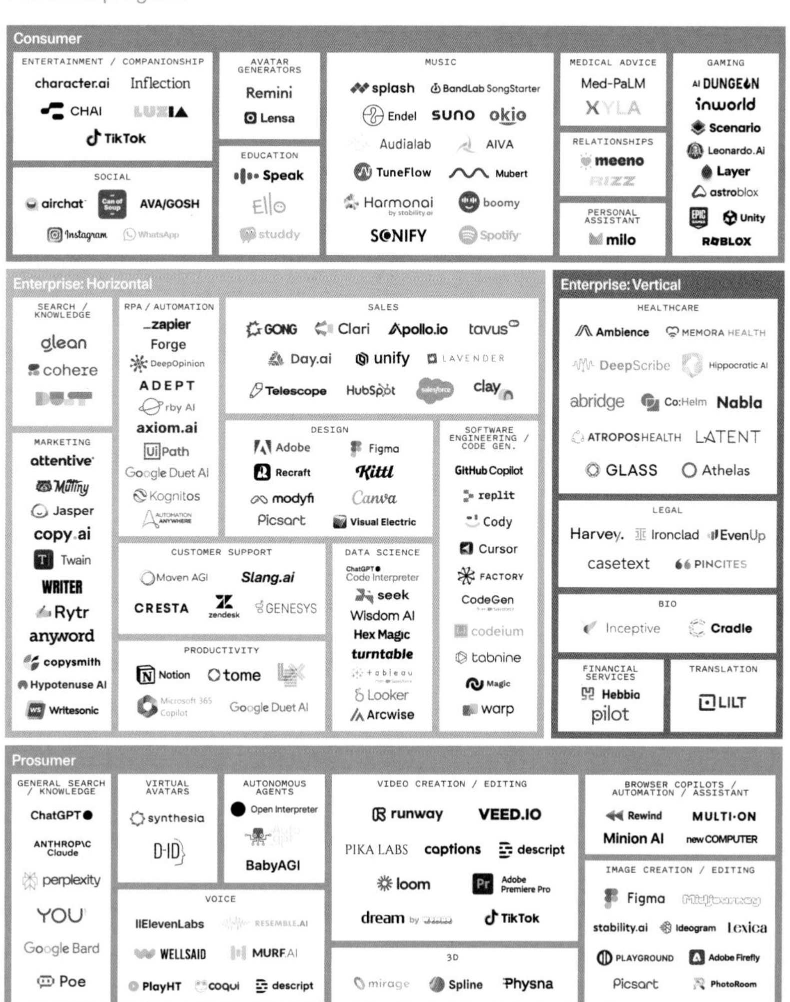

图 10-2 AIGC 应用现状概览

应用前景一：聊天

AIGC 在聊天领域的应用可以彻底改变人机交互的方式。它不再简单地预定义回答或执行命令，而能够理解用户的意图和情感，进行更加智能、个性化的交流。这样的 AIGC 虚拟助手将成为用户真正信赖的智能伙伴，为用户提供精准的信息和服务。在用户服务方面，AIGC 能够处理大量用户咨询，并且迅速解决问题，从而提高用户满意度和服务效率。例如，微软小冰 Xiaoice、谷歌 Meena、微软 ChatGPT（图 10-3）等就是这种应用。

图 10-3 ChatGPT 图标

应用前景二：艺术与音乐

AIGC 的艺术与音乐应用将拓宽创意和艺术表现的边界。艺术家和音乐家可以与 AIGC 合作，从 AIGC 中获得创意灵感和艺术创作的建议。AIGC 可以分析大量的艺术作品和音乐曲目，了解不同风格和流派，从而帮助艺术家探索前所未有的艺术表现形式。此外，AIGC 本身也可以创造独特的艺术作品和音乐作品。它能够生成富有创意和情感的艺术作品，引领艺术创新的方向。这样的应用将在艺术领域产生深远的影响，激发艺术家的灵感，并拓展艺术的可能性。例如，OpenAI 的 DALL·E 系列，Stability AI 的 DreamStudio，Midjourney（图 10-4）等就是这种应用。

图 10-4 Midjourney 图标

应用前景三：编程代码

AIGC 在代码编程领域的应用将极大地提高软件开发的效率和质量。AIGC 可以理解自然语言，与开发者进行交流，并根据开发者的意图自动生成代码。开发者只需提供高层次的指导，AIGC 就会自动完成底层的代码。这样的应用能够显著节约开发时间，增强代码的一致性和可读性。另外，AIGC 还可以检测代码中的错误和潜在缺陷，并且提供修复建议。通过 AIGC 的辅助，程序员可以更加专注于解决复杂的问题和具有创新性的编程任务。例如，OpenAI 的 CodeGPT（图 10-5）是一个开源的基于 Transformer 结构的模型，还有 CodeParrot、Codex 等也是这种应用。

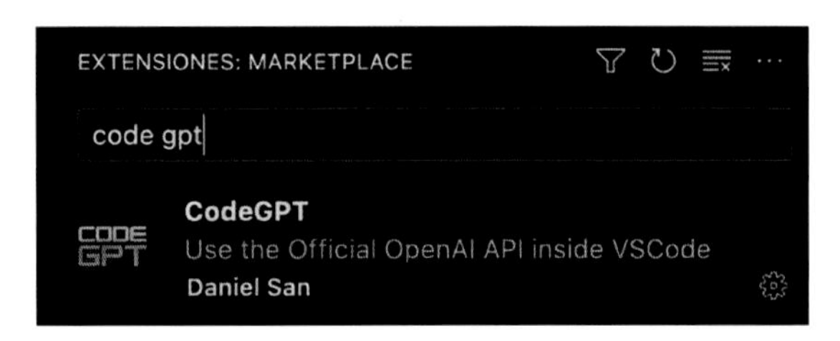

图 10-5 OpenAI 的 CodeGPT 产品

应用前景四：教育领域

在教育领域，AIGC 的应用将带来深刻的变革，学生将能够体验到更加个性化和具有针对性的教育。AIGC 可以根据学生的学习风格、兴趣和学习进度，提供定制化的学习计划和资源。这样的个性化学习模式可以更好地满足学生的需求，增强学生的学习动力并提升学习效果。同时，AIGC 可以在教室中充当智能助手的角色，辅助教师进行教学；它可以即时回答学生的问题，帮助教师更好地理解学生的学习进展和需求，从而优化教学计划和教学方式。

应用前景五：医疗领域
在医疗领域，AIGC 的应用有望显著改善医疗服务和病患的健康状况。AIGC 可以分析海量的医学数据，从病历、影像、生理指标等方面获取综合信息，并且辅助医生进行更早的疾病诊断。这将大大增加早期治疗的机会，帮助挽救更多生命。此外，AIGC 还可以根据患者的基因组数据和病史，为每个患者量身定制个性化治疗方案，提升治疗效果。在医疗决策和手术规划方面，AIGC 的辅助将带来更强的精确性和安全性，降低手术风险并减少并发症。

应用前景六：金融领域
在金融领域，AIGC 的应用将对投资决策和风险管理产生重要影响。AIGC 可以分析大量的金融数据，从宏观经济趋势到个股的市场表现，预测市场走势和投资机会，辅助投资者进行智能化的投资决策。这样的应用将增强投资决策的准确性并提高效率，为投资者带来更高的回报。此外，AIGC 还可以更准确地评估个人和企业的信用风险，通过对大数据的分析和学习，提供更精准的信用评级，为金融机构提供更可靠的风险评估手段。

应用前景七：制造业
AI 未来在制造业的应用广泛，包括智能生产计划和调度、智能机器人自动化、供应链优化、智能产品设计和质量控制等。AI 能预测市场需求，提高生产效率，降低成本。智能机器人能增强生产线灵活性，减少错误。在供应链管理方面，AI 能优化预测和库存管理。在产品设计中，AI 能提供创新洞见，加速开发。在质量控制方面，AI 能通过实时监测和图像识别提高产品质量。然而，随着应用增加，人们还需要关注数据隐私和人机合作等挑战，综合考虑技术、管理和人才等因素至关重要。

AIGC 将是 Web3.0 时代的生产力工具。迈入 Web3.0 时代，AI、关联数据和语义网络构建，形成人与网络的全新链接，内容消费需求飞速增长，UGC/PGC 这样的内容生成方式将难以匹配扩张的需求，而 AIGC 将是新的元宇宙内容生成解决方案。AIGC 利用 AI 学习知识图谱、自动生成，在内容的创作方面为人类提供协助，或是完全由 AI 产生内容，不仅能帮助提高内容生成的效率，还能增强内容的多样性。随着自然语言处理技术和扩散模型的发展，AI 不再仅作为内容创造的辅助工具，其创造生成内容成为可能。由此可见，将来的文字生成、图片绘制、视频剪辑、游戏内容生成皆可由 AI 替代。

虽然 AI 在创意设计中具有巨大潜力，但人类的创造力和情感因素仍然是不可替代的。AI 可以辅助设计过程，但真正的创意和情感体验来自人类的独特思维和体验。因此，未来的发展需要在技术和人类创造力之间取得平衡，以实现更加丰富和有意义的创意设计。

10.3 AI 对未来创意设计师的影响与挑战

10.3.1 AI 对未来创意设计师的影响

AI 对未来创意设计师的影响是一个复杂且深远的话题，不可否认的是，AI 的出现为设计提供了极大的便利。

(1) AI 作为创意辅助工具，可以为设计师提供灵感，通过学习大量的设计样本和数据，AI 可以生成各种设计选项，帮助设计师快速获取创意和探索新的设计方向，更快速地生成多样化的设计方案。

(2) AI 生成的数据驱动的设计，可以分析大量市场数据和用户反馈，帮助设计师更好地了解市场趋势和用户需求。通过数据驱动的设计，设计师可以更精准地满足用户需求，进行精细调整和优化，从而创建出更受欢迎的产品。

(3) AI 是一种自动化设计，可以实现设计过程的自动化、生产制造的自动化。从原型设计到图纸绘制，甚至是模型生成及生产制造环节，AI 可以提供智能化的辅助工具和系统，帮助设计师更好地管理和协调整个设计过程。

10.3.2 AI 对未来创意设计师的挑战

(1) 创意的原创性。AI 生成的设计可能受限于其训练数据，导致一些设计师面临创意原创性遭受质疑的挑战。设计师不仅需要努力确保其作品与其他自动生成的设计有所区别，保持作品的独特性和创意，也需要与 AI 系统进行良好的协作，确保 AI 能够准确理解和满足用户的需求。

(2) 技术更新与技术依赖性。随着 AI 技术的发展，未来的创意设计师需要不断学习和适应新的工具和技术，利用 AI 技术来提升自己的设计能力。但是，设计师也不能因过于依赖 AI 工具，而减少手工操作和设计思考。

(3) 知识产权问题。从知识产权角度看，AI 目前还属于重组式创新，尚不具有真正的创作力，主要依赖于人机合作，设计师使用 AI 创作作品存在侵权风险，需要在使用 AI 工具时遵守相关法规。

(4) 数据隐私与伦理问题。AI 在分析用户数据和行为方面非常强大，但也引发了人们关于数据隐私和伦理问题的担忧。由于 AI 存在多种安全风险，许多艺术家转发反对 AI 的标识和具有讽刺意味的作品，为呼吁原创、抵制抄袭发声（图 10-6）。

综上所述，AI 对未来创意设计师的影响是双面的。它为设计师提供了更多的工具和资源，帮助他们更高效地创作；但同时，设计师也需要应对一些挑战，包括保持创意原创性、应对技术依赖性和适应就业市场的变化。关键是在 AI 的帮助下，设计师仍需发挥创意、创新和人类专长，以保持其不可替代性和独特价值。在 AI 飞速发展的今天，设计师需要快速正确地找到自己的角色变化，同时需要了解未来工业设计的变化趋势。对设计产品

图 10-6　部分设计师对 AI 的抵制

有准确判断力，对可持续生产的设计有敏锐的察觉，对设计词汇有精准了解，能够借助 AI 准确地给出相应的设计提示词，掌握这些能力将促进未来的设计师实现质的飞跃。

10.3.3　利用 AI 技术全面建设社会主义现代化国家

AI 作为一种智能化技术，能够为设计提供智能辅助和支持，通过机器学习、数据分析和模拟仿真等手段，提高设计的智能化水平和效率。实现中国式现代化，实现高水平科技自立自强，要充分利用新兴技术，利用 AI 技术辅助创新创意设计发展，推动设计行业的创新和高质量高效率发展。

发展中国式现代化，必须同中华优秀传统文化结合。设计师利用 AI 技术提出的创意设计要充分与中华优秀传统文化结合，推动 AI 技术与不同领域进行跨界融合，实现设计与科技、艺术、人文等领域的融合，创造出更加综合、多样化的创意设计作品，展示中华文明的精神标识和文化精髓，讲好中国故事、传播好中国声音，展现可信、可爱、可敬的中国形象。

中国式现代化是人与自然和谐共生的现代化，党的二十大报告提出：“推动绿色发展，促进人与自然和谐共生。”因此，设计师应利用 AI 技术促进设计的绿色和可持续发展，例如，AI 可以通过模拟和优化算法帮助设计师优化设计方案，降低环境影响，实现可持续发展设计。

AI 技术不仅能作为辅助工具供设计师使用，还能够成为创新创意的合作伙伴和引领者，AI 的智能辅助和创意生成，能为设计带来更多创新的可能性，在后续设计过程中，设计师还需深入贯彻以人民为中心的发展思想，坚持以人民为中心的创作导向，推出更多增强人民精神力量的优秀作品，进一步丰富人民精神文化生活，增强中华民族凝聚力和中华优秀传统文化影响力。

单元训练

1. 选择一个领域（如健康、交通等），设想一种创意设计方案，将 AI 与创意设计紧密结合进行创新。描述这个方案是如何利用 AI 进行辅助的，以及它从哪些方面改善了传统的设计方式。
2. 讨论 AI 和创意设计师之间的合作模式。你认为在创意设计过程中，AI 和设计师应该如何相互合作，以充分发挥各自的优势。
3. 讨论 AI 在创意设计领域引发的伦理问题，提出一个可能的伦理挑战。例如，AI 创意是否会取代人类创意，以及如何平衡技术进步与人类创造力之间的关系。
4. 作为创意设计师的我们应具备什么能力，才能应对 AI 带来的风险与挑战？

【人工智能时代终将到来，我们应积极拥抱它，用 AI 存续中华文明】

【用 AI 看中国式现代化】

参考文献

[1]AI 爆米花 .AIGC 技术：点亮未来教育的 AI 之光 [EB/OL].(2023-5-28)[2024-5-23]. https://www.toutiao.com/article/7237696077250871843/.

[2]AIGC——Web3 时代的生产力工具 [R]. 国盛证券研究所，2022.

[3]AIGC 发展趋势报告 2023：迎接人工智能的下一个时代 [R]. 腾讯研究院，2023.

[4]ASAK 设计 .8 大实战案例！ AIGC 在网易落地项目中的运用 [EB/OL].(2023-4-11)[2024-5-23].https://www.uisdc.com/aigc-in-asak.

[5] 蔡敏 . 基于人工智能技术的大数据分析方法研究进展 [J]. 科技风，2022（07）：58-60.

[6] 从 CHAT-GPT 到生成式 AI（Generative AI）：人工智能新范式，重新定义生产力 [R]. 中信建投证券研究，2023.

[7] 戴丽娜 . 从营销的终点到营销的起点：中国消费者研究起源、演变、规律及趋势 [D]. 上海：复旦大学，2012.

[8] 杜焱 . 大数据时代人工智能在计算机网络技术中的运用 [J]. 信息记录材料，2021，22（02）：125-126.

[9] 侯建军，毛轶超，许莉钧 . 人工智能背景下设计师能力需求及胜任力模型再建构 [J]. 包装工程，2021，42（24）：340-348.

[10] 李科 . 一文详解 AIGC：推动元宇宙发展的加速器 [EB/OL].（2022-11-28）[2024-5-23].https://mp.weixin.qq.com/s/78PssF69h4guHL0e0uedQA.

[11] 刘进，钟小琴，李学坪 . 教育人工智能：前沿进展与机遇挑战 [J]. 高等工程教育研究，2020（02）：113-123.

[12] 刘鸣筝，朱芷瑶 . 对话式新闻：AIGC 的智能化补充与沉浸式呈现 [J]. 青年记者，2023（13）：57-59.

[13] 罗超 . AI 来了智能交通变了 [J]. 中国公共安全，2018（04）：28-33.

[14] 彭淑素 . 智能制造时代自动化技术在工业机器人中的应用研究 [J]. 科技资讯，2022，20（18）：60-62.

[15] 钱佳，康宁 . AIGC 视域下艺术与传媒专业融合创新与重构研究 [J]. 传播与版权，2023（14）：114-116+120.

[16] 氢气氧气氮气 . 什么是 AIGC（AI Generated Content，人工智能生成内容）？ [EB/OL].（2023-07-15）[2024-05-23].https://

blog.csdn.net/qq_45833373/article/details/131744246.

[17] 邱钧明 . AI 智能时代对平面艺术设计师的影响探析 [J]. 明日风尚, 2019 (14): 21, 23.

[18] 人工智能生成内容(AIGC) 白皮书(2022 年) [R]. 中国信息通信研究院, 京东探索研究院, 2022.

[19] 王璐, 孙海垠 . 人工智能挑战下的艺术设计创作思考 [J]. 艺术工作, 2020 (06): 86-88.

[20] 银宇堃, 陈洪, 赵海英 . 人工智能在艺术设计中的应用 [J]. 包装工程, 2020, 41 (06) :252-261.

[21] 袁磊, 徐济远, 苏瑞 . AIGC 催生学习型社会新格局: 应然样态、实然困境与创新范式 [J]. 现代远距离教育, 2023(03): 12-19.

[22] 张其吉, 白延强 . 载人航天中的若干心理问题 [J]. 航天医学与医学工程, 1999, 12 (02): 69-73.

[23] 赵子忠, 徐琦, 胡亦晨 . AI 技术商业模式的发展现状、局限与拓展——以虚拟偶像为例 [J]. 中国传媒科技, 2023 (06): 12-16.

[24] 钟雪飞, 姜贵文 . 5G 时代基于人工智能的商业应用研究 [J]. 信息通信, 2020 (04): 276-277.

[25] 周代运 . AI 如何改变商业模式与未来机会研究 [J]. 财富时代, 2023 (04): 28-29,31.